设施养羊工程技术手册

■ 邓先德　周磊　简保权　张新民　等　著

SHESHI YANGYANG GONGCHENG JISHU SHOUCE

中国农业出版社
北　京

图书在版编目（CIP）数据

设施养羊工程技术手册／邓先德等著．—北京：中国农业出版社，2021.1（2021.8 重印）
ISBN 978-7-109-27729-8

Ⅰ．①设…　Ⅱ．①邓…　Ⅲ．①羊—饲养管理—手册　Ⅳ．①S826-62

中国版本图书馆 CIP 数据核字（2021）第 005176 号

中国农业出版社出版
地址：北京市朝阳区麦子店街 18 号楼
邮编：100125
责任编辑：周锦玉
版式设计：王　晨　　责任校对：沙凯霖　　责任印制：王　宏
印刷：中农印务有限公司
版次：2021 年 1 月第 1 版
印次：2021 年 8 月北京第 2 次印刷
发行：新华书店北京发行所
开本：880mm×1230mm　1/32
印张：4.5
字数：115 千字
定价：20.00 元

著　者　邓先德　周　磊　简保权
张新民　陈　林　马惠海
赵远良　穆　钰

前 言

在国家实施乡村振兴战略、农业供给侧结构性改革和生态文明建设的重大政策背景下，我国畜牧业进入高质量发展阶段，尤其是设施养殖业发展备受关注。我国设施养羊中，由于较缺乏羊生产工艺技术参数的系统总结以及对羊舍工程技术参数的深入研究，畜牧工程技术人员在进行羊场规划设计时常常出现这样或那样的问题。

为此，本书在总结著者近期研究成果和查阅国内外研究成果的基础上，从羊的行为学特点与体尺、养羊生产工艺、羊场设计原理与参数、羊舍建筑与结构、羊舍配套设施与设备、环境调控、粪污处理与利用、建设项目经济评价与羊场管理等方面，系统地进行了梳理与研究，旨在为畜牧工程研究与设计以及设施养羊提供参考。

本书系国家重点研发计划“绵羊高效安全养殖技术应用与示范”（2018YFD0502102）技术成果。

著　者

2020 年 9 月

目　录

第一章 羊的行为学特点与体尺

在养羊生产中，无论是规模化生产还是小群饲养，羊群或个体的活动都有一定的规律性。充分了解羊的生物学特性和行为习性，为其提供适宜的养羊生产环境及其工程配套设施，是确保规模化养羊业快速发展的关键。

第一节 羊的生物学特性与行为特点

一、合群性强

绵羊是一种性情温和、缺乏自卫能力、习惯群居栖息、警觉性强、觅食力强、适应性广的小反刍动物。羊主要通过视、听、嗅、接触等感官活动来传递和接受各种信息，以保持和调整群体成员之间的活动。羔羊一出生就具有仿效本能，亲子、老幼之间存在亲和性、仿效性和尾随性强的合群关系。羊的这种合群性特点，有利于放牧管理、转场，尤其有利于组建规模化羊场，为育肥提供有利条件。但由于群居行为强，羊群间距离近时容易混群，或少数羊受惊奔跑，其他羊也盲目跟随跳圈，给管理带来不便。在设施建设管理上，需加以预防。

在羊组群时，一般是原来组群的羊形成小群体，当外来羊合群后，羊之间需要经过视、听、嗅、接触等感官活动，逐渐融为一个群体。

在自然群体中，协同游走、采食、躺卧；行进中前后相随；遇有障碍，相继直接腾越而过。无论放牧或舍饲，一个群体的成员总喜欢在一起活动，由年龄大、子女较多、身强力壮的母羊担任头羊。如出现掉队的羊，往往不是因病，就是老弱体瘦跟不上羊群。

不同绵羊品种的合群性强弱有别，粗毛羊品种最强，细毛羊次之，长毛肉用羊最差。长毛肉用羊和粗毛羊的杂交种，其合群性也不如细毛羊和粗毛羊的杂交种好。长期舍饲的羊，合群性较差。

绵羊、山羊虽不同种，但能很好地混合组群，彼此和谐共处。不过在活动中，它们总是按类相聚，极少有彼此均匀掺混的情况。

二、采食行为

羊嘴尖齿利，唇薄而灵活，加之上下腭强劲，故能采食地面较低的生草，捡食遗留的谷穗及田埂上的杂草，还能利用庄稼茬。在天然草场上，牛、马不能采食的杂草和短草，羊均可采食。

羊食百草，采食范围较广。羊可利用多种植物性饲料，对粗纤维的利用率可达50%～80%；在半荒漠草场上，羊对牧草利用率可达65%，而牛仅为34%；羊对杂草的利用率可达95%。

半舍饲或放牧的羊群，当日粮营养不平衡（其中缺乏某种必需的营养成分）时，羊有可能减少日常饲草、饲料的采食，主动觅食所需要的饲草料，优先选择富含所缺营养的植物。如缺少钠盐时，绵羊偏食盐分高的植物。在高温环境下，为使体温不升高，会减少采食量；在低温环境下，体温散失较大，会增加采食量。羊个体在生长早期若得不到足够的营养，生长会减慢；一旦营养供给增多，采食量增加，后期可以补偿生长，赶上个体应达到的生长水平。但如果发育早期营养严重受阻，即便有随后的补足营养，个体发育也难以恢复到正常水平。

羊较爱采食多汁、柔嫩、低矮、略带咸味或苦味的植物；同时要求草料要洁净，凡被践踏、躺卧或粪尿污染过的草，羊一般都避而不食。

与采食习性相伴的饮水行为，也是羔羊的一种本能。当羔羊开始采食固体食物时，1～2 d 后即能触发第一次饮水行为。饮水是补充和维持体液平衡的需要。放牧羊群习惯在固定的水源处饮水。一天的饮水量因品种、日粮组成、气候和生理状况等不同而有差异。正常情况下，羊的饮水量为 2～6 L/d。外界气温变化对饮水量的影响，与采食量相反。天气热时，饮水量增加。缺水时，羊会改变采食行为。

山羊食性比绵羊更广，除能采食各种杂草外，还偏爱灌木枝叶和野果，是一种防止灌木丛面积扩大的生物调节者；此外，它还喜欢啃食树皮。山羊的舌上具有苦味感受器，所以喜好采食各种苦味植物。

三、喜干燥、怕湿热

绵羊、山羊均适宜在地势较高、干燥的圈舍、牧场饲养。长期在泥泞、潮湿、低洼之地放牧或圈养，会加重寄生虫病和传染病的发生，降低羊毛品质，影响羊的生长发育。按相对湿度来讲，高于85%者为高湿环境，低于 50%者为低湿环境。我国北方很多地区相对湿度一般为 40%～60%（仅冬、春两季有时可高达 75%），故适于养羊，特别是适于饲养细毛羊。而在南方高湿高热地区，则较适于饲养山羊和粗毛肉用羊。因此，应将羊舍尽可能建在地势高燥、通风良好、排水通畅的坡地上，并在羊舍内建羊床或漏缝地板。

四、爱清洁

羊具有爱清洁的习性。羊喜食干净的饲料，饮清凉卫生的水。饲草料、饮水一经污染或有异味，羊就不愿采食、饮用。因此，在舍内补饲时，应少喂勤添，以免造成饲草料浪费。平时要加强饲养管理，注意绵羊饲草料的清洁卫生，饲槽要勤扫，饮水要勤换。

五、嗅觉灵敏

羊嗅觉十分灵敏，可用嗅觉鉴别毒草，很少误食有毒的牧草，只有新生羔羊、羊群十分饥饿或在枯草时期放牧时，才有误食毒草而中毒的现象发生。母羊主要凭嗅觉鉴别自己的羔羊，视觉和听觉起辅助作用。分娩后，母羊会舔干羔羊体表的羊水，并熟悉羔羊的气味。羔羊吮乳时，母羊总要先嗅羔羊后躯部，以识别是不是自己的羔羊。利用这一特点，寄养羔羊时，只要在被寄养的羔羊身上涂抹保姆羊的羊水，寄养大多会成功。个体羊有其自身的气味，群羊有群体气味，一旦羊群混群，羊可从气味辨别出是否为同群的羊。羊在放牧中一旦离群或与羔羊失散，靠长叫声互相呼应。

第二节 适应性

羊的适应性，通常指耐粗、耐热、耐寒和抗灾等方面的特性。羊群的适应性，受选种目标、生产方式和饲养条件的影响。

一、耐粗性

羊在极端恶劣的饲料供应条件下，具有极强的生存能力，可仅仅依靠粗劣的干草、秸秆、树叶、树枝和树皮等维持生命，时间可达 30 d 以上。绵羊与山羊相比较，山羊更耐粗饲。山羊除能采食各种杂草外，还能采食一定数量的树皮，比绵羊对粗纤维的消化率高 3％～5％。

二、耐渴性

绵羊、山羊都很耐渴，当夏秋季缺水时，它们能在黎明时分沿牧场快速移动，用唇和舌接触牧草，以便更多地收集叶上凝结的露珠。环境温度升高时，需水量增加；采食量大时，需水量也大。一般情况下，成年羊的需水量为采食干物质的 2～3 倍。两者比较，山羊比绵羊更耐渴，山羊每千克体重代谢需水 188 mL，绵羊则需水 197 mL。

三、耐热性

羊有一定的耐热能力，由于羊毛有隔热作用，能阻止太阳辐射迅速传到皮肤上，山羊在气温高达 37 ℃以上时，仍能继续采食。绵羊汗腺不发达，蒸发散热主要靠喘气，其耐热性较山羊差，所以当夏季中午炎热时，常有停食、气喘等表现，甚至彼此紧靠在一起，将头部埋入其他羊的腹下，称“扎窝子”。粗毛羊与细毛羊比较，前者更耐热，当气温高于 26 ℃时，才开始“扎窝子”；而后者则在 22 ℃左右才有此种表现。

四、耐寒性

绵羊的耐寒性优于山羊，是由于绵羊有厚密的被毛和较多的皮下脂肪，能减少体热散发，故其耐寒性强于山羊。细毛羊及其杂种羊被毛虽厚，但皮肤较薄，故其耐寒能力不如粗毛羊。当草、料充足时，粗毛羊在－30 ℃的环境中仍能放牧和生存。

五、抗病性

放牧条件下的各种羊，只要能吃饱饮足，一般全年发病较少。在夏秋膘肥时期，更是体壮少病。

山羊的抗病力高于绵羊，较少感染寄生虫和腐蹄病。粗毛羊的抗病力较细毛羊及其杂种强。

六、抗灾性

各种羊抗灾能力不同，所以因灾死亡的比例相差较大。山羊因食量小，食性杂，故抗灾能力强于绵羊，在同样的绝食条件下，山羊平均存活 38 d 左右，细毛羊为 32 d 左右。

粗毛羊与细毛羊相比较，细毛羊因羊毛生长需要大量的营养，并且因被毛负荷过重，故易引起乏力、消瘦，在恶劣条件下其体重损失比例明显较粗毛羊大。公、母羊比较，公羊因强悍好斗，异化作用强，配种期体力消耗大，如无补饲条件则其体重损失比例要比母羊大，特别是育成公羊更是如此。

羊对恶劣环境条件和饲料条件的耐受力与羊的放牧采食能力和体况有关。此外，耐受力还取决于脂肪沉积能力和代谢强度。

第三节 羊体尺

羊的体尺指标，主要包括体高、体长、胸宽、胸围等。

体高：由鬐甲最高点至地面的垂直距离（图 1-1）。

体长：即体斜长，由肩端最前缘至坐骨结节后缘的距离（图 1-2）。

胸宽：肩胛骨后缘的胸宽度。

胸围：由肩胛骨后缘垂直体轴绕胸一周的周长（图 1-3）。

图 1-1　体高测量示意图

图 1-2　体长测量示意图

图 1-3　胸围测量示意图

不同品种和年龄羊体尺与体重，见表 1-1。

表 1-1　不同品种和年龄羊体尺与体重

品种	年龄	公羊				母羊			
		体高（cm）	体长（cm）	胸围（cm）	体重（kg）	体高（cm）	体长（cm）	胸围（cm）	体重（kg）
小尾寒羊	3 月龄	55～68	55～68	65～80	18～26	50～65	50～65	60～75	16～24
	6 月龄	65～80	65～80	70～90	31～46	60～75	60～75	70～85	28～42
	周岁	80～95	80～95	90～105	60～90	65～80	65～80	80～95	40～60
	成年	85～100	85～100	100～120	81～120	70～85	70～85	85～100	44～66
简阳大耳羊	3 月龄	51～56	52～58	58～64	16～20	49～55	50～55	54～59	13～17
	6 月龄	55～60	57～65	63～72	22～33	53～57	55～61	60～65	18～25
	周岁	61～70	66～75	73～84	35～48	57～65	61～68	67～76	27～38
	成年	71～81	79～90	88～95	53～75	63～70	69～75	76～85	38～50

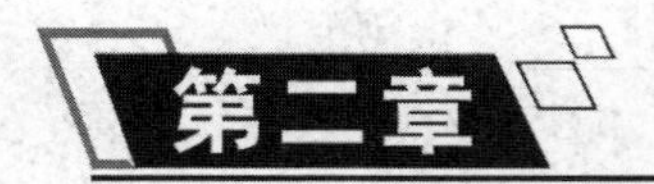

第二章 养羊生产工艺

养羊生产工艺，主要为规模化羊场在建设之初所选择的饲养方式、繁殖工艺以及工程防疫等技术要求。

第一节　规模化设施养羊工艺技术参数

羊为季节性多周期发情动物。绵羊多在秋季发情，春季产羔。在人工培育和干预下，有些品种可全年发情；山羊发情的季节性没有绵羊明显。羊的妊娠期为 5 个月左右，多产单羔或双羔，但也有个别品种一胎产三羔。绵羊的发情周期 15～18 d，山羊 18～21 d。羊的生长期短，5～8 月龄即可达到性成熟，利用年限可长达 7～9 年。规模化养羊生产工艺参数见表 2-1。

表 2-1　规模化养羊生产工艺参数

名称	参数
配种年龄（月龄）	
公羊	≥12
母羊	6～8
配种时间	四季均可
母羊发情期（d）	17
妊娠期（d）	147～152
哺乳期（d）	60
保育期（d）	30
育肥期（d）	60

（续）

名称	参数
断奶至受胎（d）	17～34
年产（胎次）	1.50～1.59
双羔率（%）	150～160
年平均产羔（只）	2.25～2.29
哺乳期成活率（%）	90
保育期成活率（%）	98
育肥期成活率（%）	99
羔羊初生重（kg）	2.5～3.0
羔羊断奶重（kg）	15
肉羊出栏重（kg）	30～40
公母比（人工授精）	1∶200
母羊更新率（%）	20
情期受胎率（%）	90～95
成年羊利用年限（年）	
公羊	6～8
母羊	6

第二节　规模化设施养羊生产工艺流程

一、生产工艺流程

整个生产工艺可概括为“六阶段，三自由，两计划”，即按羊群不同生产阶段有针对性地进行饲养（饲喂）管理，划分为待配期、妊娠期、哺乳期、育成前期、育成后期（后备期）和育肥期六阶段；实现自由饮水、自由运动和自由采食（粗饲料）；实行计划配种、计划免疫。规模化设施养羊生产工艺流程，见图 2-1。

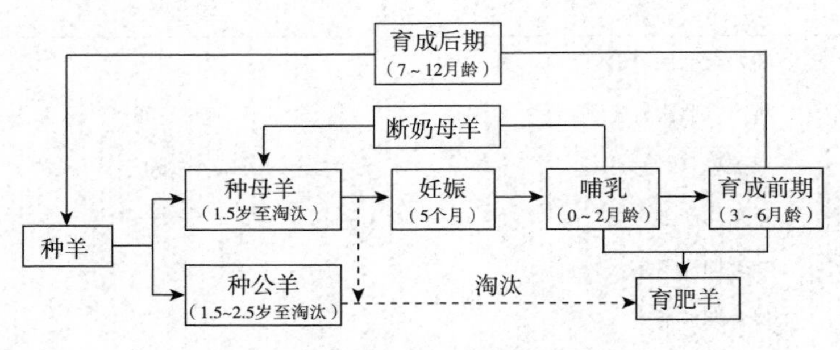

图 2-1　规模化设施养羊生产工艺流程

二、种公羊

种公羊是指可供配种用的公羊。种公羊需单独羊舍饲养，单独组群，舍饲为主，每天需有足够的运动量。配种期与母羊混群（本交），或隔离饲养实行人工授精。

三、种母羊

种母羊是指绵羊年龄达到 1.5 岁、山羊年龄达到 10～12 月龄，体重达到成年母羊 70%左右，参加配种的母羊。种母羊的最佳繁殖年龄为 2～6 岁，又称为繁殖母羊。繁殖母羊的饲养包括空怀期、妊娠期和哺乳期三个阶段。

繁殖母羊配种约需 7 d，妊娠期约 150 d，母羊产前提前 7 d 进入产羔舍。母羊在妊娠舍饲养 112～119 d。如羊场规模较大，待配母羊应分批进行配种，可根据情况分成 3～5 批，或采取随时发情随时配种的方法，从而避免人员及房舍的紧张。完成配种后，转入妊娠羊舍，继续观察 1～2 个情期，确定是否妊娠（可采用公羊试情或妊娠诊断仪）后，挑出没有配上的母羊参加下批配种。

四、产羔哺乳阶段

同一周配种成功的母羊，要按预产期最早的母羊，提前1周同批进入产羔舍，在此阶段要完成分娩和对羔羊的哺乳，哺乳期为45～60 d。母羊临产前进入产羔舍，母羊与羔羊在产房饲养7 d，然后转入哺乳羊舍饲养。哺乳羊舍设羔羊补饲栏，只允许羔羊自由通过、采食。羔羊7日龄开始补饲，应饲喂优质配合饲料或颗粒料以及优质干草，随着日龄增加和体重增长，不断增加饲喂量直至断奶。

断奶后羔羊转入育成羊舍饲养，母羊回到待配母羊舍参加下一个繁殖周期的配种。如果采取早期断奶，羔羊哺乳期可以缩短为15～30 d，母羊可提前进入下一个生产周期。但这对羔羊补饲水平要求较高。

五、育成阶段

留作繁殖用的羔羊，1.5～2月龄后根据体重和发育情况分批断奶，分批转入育成羊舍，在育成羊舍饲养至5～6月龄，体重达成年母羊体重70%以上时转入待配母羊舍，准备初配。育成羊是指断奶后到第一次配种前的公、母羊，年龄一般为3～6月龄。从育成羊中选留准备作为种用的公、母育成羊，即后备羊，年龄为7～18月龄（1.5岁）。

六、育肥阶段

大部分公羔及不留作繁殖用的母羔都转入育肥舍或其他专业化育肥场，根据断奶体重分群饲养，按育肥羊的饲养管理要求饲养60～90 d，以不超过6月龄、体重达42～45 kg为宜，即可上市出售。

第三节　规模化设施养羊羊群周转存栏

不同规模基础母羊养殖场羊群存栏数，见表2-2。

表2-2　不同规模基础母羊养殖场羊群存栏数（只）

序号	名称	基础母羊存栏数				备注
		100	200	500	1 000	
1	种公羊	1	1	3	5	
2	后备公羊	0～1	0～1	0～1	1	
3	后备母羊	21	42	106	211	
4	空怀母羊	16	32	79	158	
5	妊娠母羊	55	110	275	550	
6	哺乳母羊	29	58	146	292	
7	哺乳羔羊	42	84	209	419	
8	育成羊	11	22	56	111	
9	育肥羊	37	73	183	365	
10	年出栏羊	222	444	1 110	2 220	育肥羔羊＋淘汰

注：该表所列存栏规模为理想化规模，如以此表作为种羊场、养殖场等规划依据，在此基础上，宜留15%～25%的余地。

羊场设计原理与参数

羊舍是羊场主要的生产场所，其设计取决于羊的生产工艺、行为特点、体尺大小等，不仅关系到羊舍的安全与使用年限，而且对羊潜在的生产性能能否得到充分发挥、舍内小气候环境状况、羊场工程投资等具有重要的影响。

第一节　羊场设计的基础数据

一、基本参数概述

不同生理阶段羊舍设计基础参数，见表3-1。

表3-1　不同生理阶段羊舍设计基础参数

（引自 *Sheep Housing and Equipment Handbook* MWP-3，4th ed，1994）

项目	类型	公羊（80～130 kg）	空怀母羊（70～90 kg）	哺乳母羊①+羔羊①	哺乳羔羊（2.3～13.6 kg）	断奶羔羊（13.6～50 kg）
舍面积（m²/只）	实心地面	1.8～2.8	1.1～1.5	1.4～1.8①	补饲栏 0.14～0.18	0.7～0.9
	漏缝地板	1.3～1.8	0.7～0.9	0.9～1.1①		0.4～0.5
运动场（m²/只）	土地面	2.3～3.7	2.3～3.7	2.8～4.6	—	1.8～2.8
	铺地面	1.5	1.5	1.8	—	0.9
所占饲槽②（cm/只）	限量饲喂	30	40～50	40～50	5	23～30
	自由采食	15	10～15	15～20	—	2.5～5.0

（续）

项目	类型	公羊（80～130 kg）	空怀母羊（70～90 kg）	哺乳母羊[1]＋羔羊[1]	哺乳羔羊（2.3～13.6 kg）	断奶羔羊（13.6～50 kg）
饮水						
碗（只）	饮水槽	10	40～50	40～50	不用	50～75
鸭嘴式饮水器[3]（cm/只）		15	1.2～2.0	1.2～2.0	—	0.8～1.2
饮水量［L/（只·天）[4]］		7.5～11.4	7.5	11.4	—	0.4～1.1
粪便(kg/天)		4.5	2.7	3.2	—	1.8
包括垫草和溢出的水（L）		4.2	2.8	3.4	—	1.8
增温		—	—	$(2.32 \sim 4.64) \times 10^{-3}$ MJ/kg		—
		—	—	外加50～250W的加热灯		—
通风	舍降温	在屋顶和墙壁分别增加通风帽和可调节通风窗				
	舍加温	增设可调节天窗进气口和排风扇，排风量每1 000lb 25～335cfm				
产毛量（kg/年）		2.7～8.2	2.3～6.4	—	—	1.8～3.2
所需饲草料[5]［kg/（天·只）］	干草	1.8～3.2	1.1～1.8	2.3～3.2＋精饲料	—	0.2～0.9＋精饲料
	低水分青贮料	3.6～4.5	2.3～3.2	4.5～5.4＋精饲料	—	0.9～1.8＋精饲料
	全株青贮	5.0～6.8＋添加剂	3.2～4.1＋添加剂	5.0～5.9＋添加剂	—	1.8～2.7＋添加剂
	精料	0.2～1.1	0.0～0.3	0.5～1.1	—	0.5～1.6
	添加剂	0.0～0.11	0.05～0.11	0.11～0.23	—	0.11～0.23

注：①产羔率高于170%，每只羊增加0.5 m^2舍面积；

②饲槽长度依据动物大小，是否剪毛、产羔、妊娠，饲喂次数以及饲料品质综合考虑；

③舍内用加热器或可循环加热器；

④一年四季饮水量变化很大，须保持动物饮水清洁。冬季维持水温在2 ℃以上；夏季保持在24 ℃以下。

⑤3种粗饲料的大概比例，仅是为了设施养殖计划粗饲料管理储存的需要。提供给羔羊补饲栏的粗饲料约是每100只母羊的10%、600只母羊的7%～9%、1 000只母羊的4%～6%。最低限度为1.2 m×1.2 m×0.8 m或1.5 m×1.5 m×0.9 m（成年母羊）。

二、羊舍工程设计参数

羊舍建设面积主要涉及长度和跨度（宽），其中羊舍的长度主要由羊的占位（胸宽）和数量所决定；羊舍的跨度（宽）取决于羊饲养密度（羊占舍内面积）、数量和饲养方式等因素。

（一）与羊舍长相关技术参数

羊舍长与羊占位的关系，以头对头式羊舍为例，每舍养殖规模为200只计算，见表3-2。

表3-2　规模化养殖羊占位与体重的关系

（引自Geoffrey，et al. 2011. *Rural structures in the tropics.*）

名称	体重（kg）	占位（m/只）	舍长度（m）
育成母羊（前期）	35	0.35	35
育成母羊（后期）	50	0.40	40
成年母羊	70	0.45	45
断奶羔羊	14～30	0.25～0.30	25～30
公羊	130	0.50	50

（二）与羊舍跨度（宽）相关的技术参数

羊舍的跨度（宽）与羊饲养密度的关系。羊舍净宽（不包含饲喂通道）越大，羊饲养密度越小；反之，则越大。饲喂通道宽度与饲喂方式有关，一般人工饲喂通道宽1.5～2.0 m；TMR车或自动投料车饲喂通道宽3.5～4.0 m。

表3-3　规模化养殖头对头式羊舍跨度与体重、占位的关系

名称	饲喂方式	体重（kg）	占位（m/只）	舍面积（m^2/只）	饲喂通道（m）	舍净宽[①]（m）	舍实际跨度[②]（m）
育成母羊（前期）	人工	35	0.35	0.7～0.9	1.5～2	4.0～5.2	5.5～7.2
	机械				3.5～4		7.5～9.2
育成母羊（后期）	人工	50	0.40	0.9～1.4[③]	1.5～2	4.5～7.0	7.0～9.0
	机械				3.5～4		8.0～11.0

（续）

名称	饲喂方式	体重（kg）	占位（m/只）	舍面积（m^2/只）	饲喂通道（m）	舍净宽①（m）	舍实际跨度②（m）
成年母羊	人工	70	0.45	1.4～1.8	1.5～2	6.2～8.0	7.7～10.0
	机械				3.5～4		9.7～12.0
断奶羔羊	人工	13.6～35	0.25～0.30	0.7	1.5～2	4.7～5.6	6.2～7.6
	机械				3.5～4		8.2～9.6
公羊	人工	130	0.50	1.8～2.8	1.5～2	7.2～11.2	8.7～13.2
	机械				3.5～4		10.7～15.2

注：①舍净宽是指不含饲喂通道的舍宽，即舍净宽＝舍面积×2/占位。②舍实际跨度是指舍净宽＋饲喂通道的舍净宽，并以建筑模数对部分数据进行了微调。③依据育成羊（前期）和成母羊舍面积确定。

第二节　羊场设施的规划

一、羊场规模

羊场按其生产任务和目的，分为育种场、种羊场和商品羊场。羊场的规模依据羊场的性质、市场需求、技术水平、资金来源、饲料资源等条件来确定。羊场规模一般以年终存栏总数或繁殖母羊存栏数两种方法来表示。规模在500只以下的羊场，一般以家庭养殖为主；规模在500只以上的羊场，需要单独建场。

按照羊场功能要求，一般将其分为生产设施、辅助设施、生活管理设施以及场区工程等部分。

1. 生产设施

生产设施包括成年羊舍、育成羊舍、羔羊舍、育肥羊舍、挤奶间（奶山羊）等。

2. 辅助设施

辅助设施包括青贮窖、饲料库、干草棚、药浴池、消毒室、兽医室、人工授精室等。

3. 生活管理设施

生活管理设施包括办公室、宿舍、食堂、门卫室等。

4. 场区工程

场区工程包括道路、给排水以及供电设施等。

二、场址选择

选择场址时，不但要根据羊场的生产任务和经营性质而定，还应对人们的消费观念和消费水平、国家畜牧生产区域布局和相关政策、地方生产发展方向和资源利用等做好深入细致的调查研究。

（一）自然条件因素

1. 地形地势

应选择在地势较高、平坦干燥、排水良好和背风向阳的地方建场。平原地区一般地面比较平坦、开阔，场址应注意选择在较周围地势稍高的地方，地下水位要低，以利排水。靠近河流、湖泊的地区，场址应选择在地势较高的地方，要比当地水文资料中最高水位高1～2 m，以防涨水时被水淹没。山区建场应选择在稍平缓坡上，坡面向阳，总坡度不超过25%，建筑区坡度应在2.5%以内。还要注意地质构造情况，避开断层、滑坡、塌方的地段，以及坡底、谷底和风口，以免受山洪和暴风雪的袭击。

2. 水源水质

水源水质关系着生产、生活与建筑施工用水，应予以足够的重视。首先要了解场区附近水源的情况，如地表水（河流、湖泊）的流量，汛期水位；地下水的初见水位和最高水位，含水层的层次、厚度和流向。对水质情况，需了解酸碱度、硬度、透明度、有无污染源和有害化学物质等。了解水源状况是为了便于计算拟建场地地段范围内的水资源、供水能力，评估能否满足羊场生产、生活、消防用水要求。在仅有地下水源地区建场，应先勘查地下水情况，包括水源位置、出水量、水质情况等。

3. 土壤

对施工地段地质情况的了解，主要是收集工地附近的地质勘查资料，地层的构造状况，如断层、塌方和地下泥沼地层。对土层土壤的了解非常重要，如土层土壤的承载力，是否为膨胀土或回填土。遇到这样的土层，需要做好加固处理，不便处理或投资过大的则应放弃选用。此外，了解拟建地段附近土质情况，对施工用材也有一定意义，如砂层可以作为砂浆、垫层的骨料，就地取材，节省投资。

4. 气候因素

气候因素主要指与建筑设计有关和造成羊场小气候的气候气象资料，如气温、风力、风向及灾害性天气的情况。拟建地区常年气象变化，包括平均气温、绝对最高（低）温、土壤冻层、降水量与积雪深度、最大风力与主导风向、风频率、日照情况等。

（二）社会条件

1. 地理位置

场址应尽可能接近饲料产地和加工地，靠近产品销售地，确保有合理的运输半径。要求交通便利，特别是大型集约化商品场，其物资需求和产品供销量极大，对外联系密切，故应保证交通方便。羊场外应通有公路，但不应与主要交通线路交叉。为确保防疫卫生要求，避免噪声对健康和生产性能的影响，新建羊场距离铁路、高速公路、交通干线不小于 1 000 m，距离一般道路不小于 500 m；距离其他养殖场、兽医机构、畜禽屠宰场不小于 2 000 m；距离居民区不小于 3 000 m；且应位于居民区及公共建筑群常年主导风向的下风处。

2. 水电供应

给排水要统一考虑，拟建场区附近如有地方自来水公司供水系统，可尽量引用，但需要了解水量能否保证供应。大型羊场和需水量较大的羊场一般都应自备水源，采用深层地下水。

羊场生产、生活用电要求有可靠的供电条件，一些畜牧生产环节如产羔、饲草料加工、机械通风等的电力供应必须绝对保证。因此，需要了解电源的位置、最大供电量、与羊场的距离，通常建设羊场要求Ⅱ级供电电源，在Ⅲ级以下供电电源时，则需要自备发电机，以保证场内供电的稳定可靠。为减少供电投资，应尽可能靠近输电线路，以缩短新线路敷设距离。

3. 疫情环境

为防止羊场受到周围环境的污染，选址时应避开居民点的污水排放口，不宜将场址选在化工厂、屠宰场、制革厂等易产生环境污染企业的下风向或附近。羊场之间必须保持一定的安全距离。场址周围应具备就地无害化处理粪便、污水的场地和排污条件，并通过羊场环境影响评价。

（三）其他条件

1. 土地征用

选择场址必须符合当地农牧业生产发展总体规划、国土空间规划和环境保护规划的要求。须坚持合理利用土地的原则，不得占用基本农田，应尽量利用荒地和劣地建场。禁止在水资源保护区、旅游区、自然保护区、环境污染严重的地区、家畜疫病频发地区及山谷、洼地等易受洪涝威胁的地段征用土地。

征用土地可按场区总平面布置图计算实际占地面积。羊场规划用地规模可参考表3-4。

表3-4 土地征用面积估算

类别	母羊规模（只）	占地面积（m^2/只）	备注
绵羊场	200～500	10～15	按成年种羊计算
山羊场	200～500	15～20	按成年母羊计算

2. 与周边环境的协调

多风地区由于通风良好，有利于羊场及周围臭味的扩散，但易对大气环境造成不良影响。因此，羊场和粪便处理场应尽量远离周围居民区。

应仔细核算粪便和污水排放量，以准确计算粪便处理场的贮存能力。羊场排污应达到《畜禽养殖业污染物排放标准》（GB 18596）

的要求。在开始建设前，应获得市政、自然资源建设、环保、消防等有关部门的批准及施工许可证等相关证件。

三、场地规划和建筑布局

羊场规划布局时，应考虑饲养条件和交通方便，便于饲料供应、供水、供电、产品运输和粪污运输，以及适应机械化操作的要求。各类羊舍的栋数、尺寸确定后，应依据羊舍间的功能关系、工程防疫、卫生要求、羊场建设标准和主导风向等，安排每栋羊舍的位置，确定每栋羊舍间的工程防疫间距以及山墙间的距离与场围墙间的距离。修建羊舍数量较多时，应以长轴平行配置，前后对齐。羊舍单体平面设计，是在饲养工艺和平面布置方案基础上进行的，它既受饲养工艺和饲养规模的制约，又可促进饲养工艺的合理布置。各种羊舍的面积、数量和布置方案，对羊场的总体平面设计起决定性作用。

（一）布局原则

1. 依据生产工艺要求，结合当地气候条件、地形地势及周围环境特点，因地制宜，做好功能分区；羊舍建造及布局必须与饲养工艺密切结合。合理布置各种建（构）筑物，满足其使用功能。

2. 充分利用场区原有的自然地形、地势，建筑物长轴尽可能顺场区的等高线布置，尽量减少土石方工程量和基础设施费用，最大限度地减少基本费用。

3. 合理组织场内、外的人流和物流，创造有利的环境条件和低劳动强度的生产联系，实现高效生产。既要综合考虑水、饲料、能源的供应，又要考虑粪尿处理的综合利用。

4. 保证建筑物有良好的朝向，满足采光和自然通风条件，并保证有足够的防火间距。

5. 针对粪尿、污水及其他废弃物的处理和利用，应全面考虑粪污处理的方案和方法，羊场排污应达到《畜禽养殖业污染物排放标准》（GB 18596）的要求。

6. 在满足生产要求的前提下，建（构）筑物布局紧凑，节约用地，少占或不占耕地，且为今后的发展留有一定的余地。

7. 生活管理区宜设在全场的上风向，一般邻近场区大门，便于与外界联系及防疫，工作人员的办公区与生活区分开，并保持适当距离。

（二）羊舍排列形式

1. 单列式

单列式布置多是由于受到场区条件的限制而采用的一种布置形式（图 3-1）。虽净污道分流明确，但会使道路和工程管线过长。如某些丘陵地区或者地面坡度不太大的山区多采用这种布置方式。场地足够宽的羊场不宜采用。

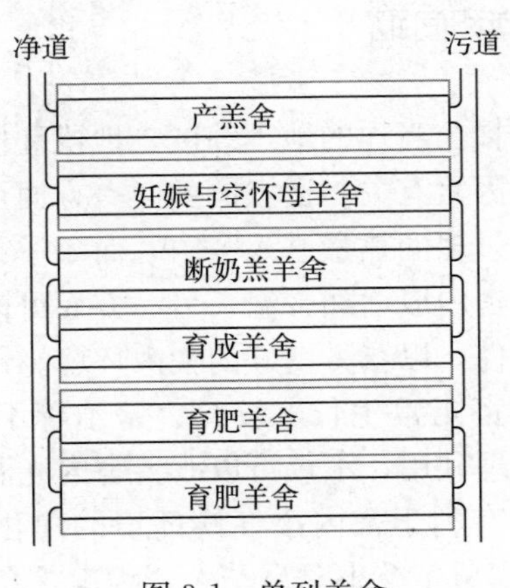

图 3-1　单列羊舍

2. 双列式

双列式是最为常见的一种布置方式（图 3-2）。其优点是既能保证净污道分流明确，又能缩短道路和工程管线的长度。

3. 多列式

多列式布置一般在一些大型羊场采用。此种布置方式应重点解决场区道路的净、污道分开问题，避免因道路交叉而引起的相互污染。

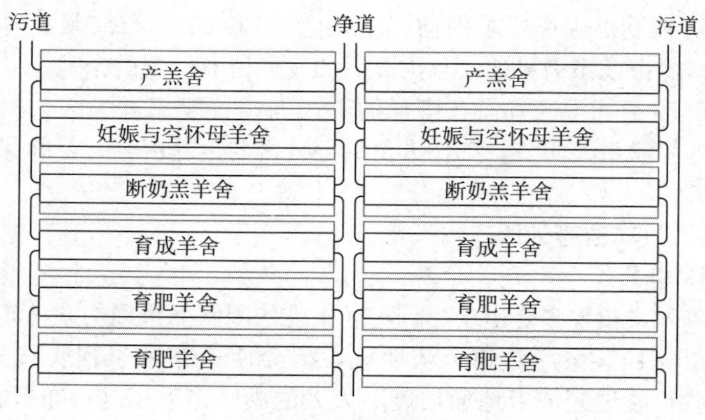

图 3-2 双列式羊舍

（三）羊舍朝向和间距

1. 羊舍朝向

羊舍朝向的选择与当地的地理纬度、地段环境、局部气候特征及建筑用地条件等因素有关。适宜的朝向一方面可合理地利用太阳能辐射，避免夏季过多的热量进入舍内，而冬季又可最大限度地利用太阳能辐射进入舍内以增加舍温；另一方面可以合理地利用主导风向，改善通风条件，以获得良好的舍内环境。

光照是促进家畜正常生长、发育、繁殖等不可缺少的环境因子。自然光照的合理利用，不仅可以改善舍内光温环境，还可起到很好的杀菌作用，有利于舍内小气候环境的净化。我国地处北纬20°～50°，太阳高度角冬季小、夏季大，为确保冬季舍内获得较多的太阳辐射热，防止夏季太阳过分照射，羊舍宜采用东西走向或南偏东15°左右朝向较为合适。

羊舍布置与场区所处地区的主导风向关系密切。主导风向直接影响冬季羊舍的热量损耗和夏季舍内和场区的通风，特别是在采用自然通风系统时。从舍内通风效果看，风向入射角（羊舍墙面法线与主导风向的夹角）为 0 时，舍内与窗间墙正对这段空气流速较低，有害空气不易排除；风向入射角为 30°～60°时，舍内低速区（涡风区）面积减少，可改善舍内气流分布的均匀性，提高通风效果。从整个场区通风效果看，风向入射角为 0 时，羊舍背风面的涡流区较大，有害气体不易排出；风向入射角为 30°～60°时，有害气体能顺利排出。冬季主导风向对羊舍迎风面所造成的压力，使墙体细孔不断由外向内渗透寒气，从而造成羊舍温度下降、湿度增加。因此在设计样式朝向时，应根据本地风向频率，结合防寒、防暑要求，确定适宜朝向。宜选择羊舍纵墙与冬季主风向平行或成 0°～45°角的朝向，这样冷风渗透量减少，有利于保温。在寒冷的北方，冬春季风多偏西、偏北，所以在生产实践中，羊舍以南向为好（图 3-3）。

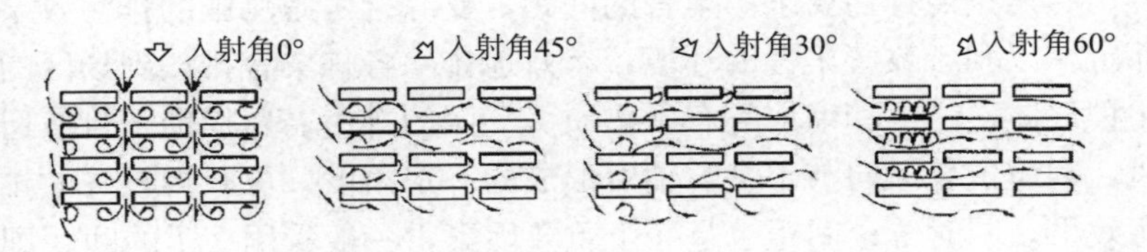

图 3-3　不同入射角羊舍间气流示意图

羊舍朝向要求综合考虑当地的气象、地形等特点，抓住主要矛盾，兼顾次要矛盾和其他因素来合理确定。

2. 羊舍间距

具有一定规模的羊场，生产区内有各类羊舍，舍与舍之间均有一定的防疫间距。若间距过大，则会占地过多、浪费土地，并会增加道路、管线等基础设施投资，管理也不方便。若间距过小，会加大各舍间的干扰，对羊舍采光、通风防疫等都不利。

适宜的舍间距应根据采光、通风、防疫、消防和排污等几方面综合考虑。假设室外地坪指羊舍檐口高度为 H（m），羊舍要求间距 S（m），则：

（1）按照采光要求　在我国，采光间距应根据当地的纬度、日照要求以及相邻羊舍的日照遮挡情况及羊舍檐口高度（H）求得。参照民用建筑的采光间距标准，一般以 $S_{光}=(1.5\sim2)H$ 计算即可满足要求。纬度越高的地区，系数取值越大。

（2）按照通风防疫要求　羊舍经常排放有害气体，这些气体会随着通风气流影响相邻羊舍。因此，应杜绝或尽量减少不同羊舍之间羊相互传染的可能性。按规定，敞开式羊舍间距 $5H$、封闭式羊舍 $3H$ 的间距即可满足防疫的要求。即：$S_{疫}=(3\sim5)H$。

（3）按照防火要求　防火间距没有专门针对农业建筑的防火规范，但现代样式的建筑大多采用砖混结构、钢筋混凝土结构和新型建材围护结构，其耐火等级在二级至三级，所以可以参照民用建筑的标准设置。耐火等级为三级和四级的民用建筑最小防火间距是 8～12 m，所以羊舍间距如在（3～5）H，可以满足防火要求。即：$S_{火}=(3\sim5)H$。

（4）按照排污要求　羊舍的间距，要综合考虑场区的排污效果而定，以利于改善羊舍的环境，有效地排除各栋羊舍排放到场区的污秽气体、粉尘和毛屑等有害物质。场区的排污需要借助于自然通风，利用主导风向与羊舍长轴所形成的一定角度，可获得较好的排污效果，同时羊舍间距也是一个重要因素，一般采用 $2H$ 的间距即可达到排污的需要。即：$S_{污}=2H$。

综合以上四项要求可知，正常情况下，羊舍间距（S）与羊舍檐口高度（H）的关系为：$S=(3\sim5)H$。通常情况下，羊舍间距的设计可以参考表 3-5。

表 3-5　羊舍防疫间距（m）

类别	同类舍	不同舍
羊场	8～15	10～20

（四）其他建筑物的布局

羊场的功能分区是否合理，各区建筑物布局是否合适，不仅影响基建投资、经营管理、生产组织、劳动生产率和经济效益，而且影响场区的环境卫生和动物防疫。因此，做好羊场的分区，确定场区合理布局极为重要。

总的原则：生活管理区和辅助生产区应位于常年主导风向的上风处和地势较高处，隔离区为常年主导风向的下风处和地势较低处。

1. 生活管理区

生活管理区主要包括办公室、化验室、食堂、宿舍、更衣消毒室、值班室、消毒池，以及大门和围墙等。其中，更衣消毒室和消毒池属工程防疫设施，供进场人员和车辆消毒使用，以免带入致病微生物。由生活管理区进入生产区时，须进行第二次消毒，在生产区入口处设置更衣消毒室和车辆消毒设施。

2. 辅助生产区

辅助生产区主要包括青贮窖、干草棚、饲料原料库、饲料加工车间、成品库、供水、供电、供热、维修间等设施。这些设施应靠近生产区布置，与生活管理区有严格的界限要求。青贮与干草按照贮用合一的原则，要求贮存场所排水良好，便于机械化装卸、加工和运输。干草应位于下风处，与周围建筑物的距离应符合国家防火规范要求。饲料原料库、饲料加工车间和成品库宜建在一起，以便于进、取料。杜绝外来车辆进入生产区，保证生产区内外运料车辆互不交叉使用。

3. 隔离区与粪污处理区

隔离区主要包括隔离羊舍、病死羊解剖室、焚烧处理设施等；粪污处理区主要包括粪污存储与处理设施等。隔离区相对于粪污处理区位于主导风向上风处，但都应处于全场常年主导风向的下风处和全场最低处，并应与生产区保持一定的防疫间距，可设绿化隔离带。隔离区与粪污处理区也应保持适当的防疫间距。粪污处理区与生产区有专用道路相连，与场区外有专用大门和道路相通，便于粪污运出羊场。

四、羊场总体布局

图 3-4 是以饲养规模 1 000 只母羊为基础设计的平面布局示意图。全场占地面积约为 2.32×10^4 m^2。建筑面积 5 195 m^2，其中办公管理用房 764 m^2、羊舍面积为 2 700 m^2、饲料库与生产加工车间 190 m^2、干草棚 486 m^2，以及构筑物和粪污处理区 1 055 m^2等。

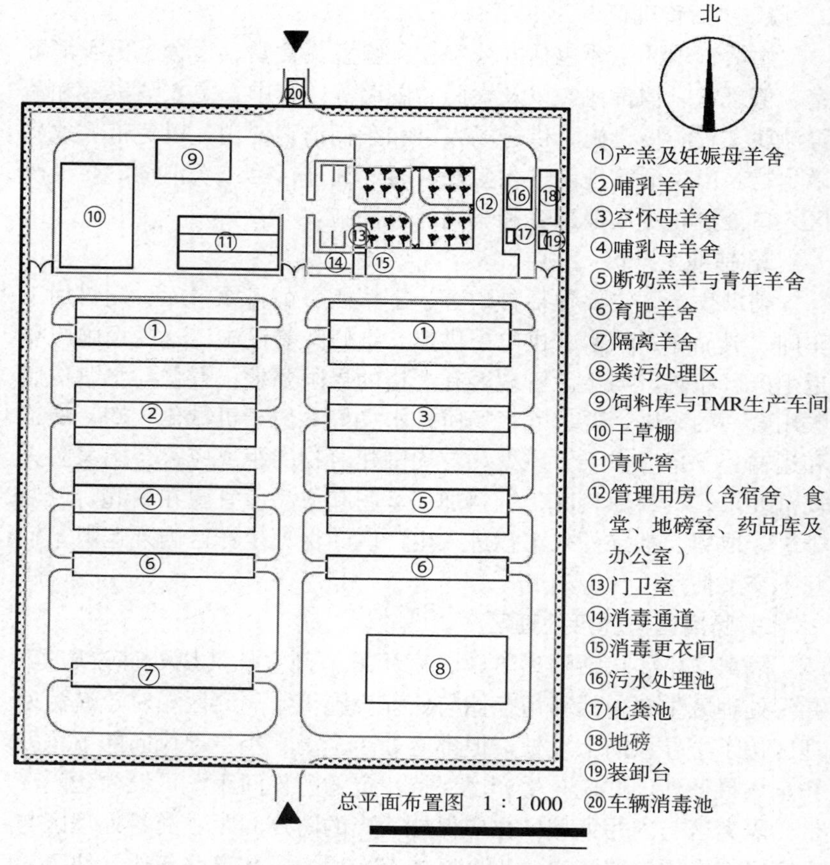

图 3-4 存栏 1 000 只母羊羊场平面布局示意图

五、羊场规划的主要技术经济指标

羊场规划的技术经济指标是评价场区规划是否合理的重要内容。新建场区可按下列主要技术经济指标进行，对局部或单项改、扩建工程总平面设计的技术经济指标可依据具体情况确定。

饲养规模：包括年饲养量、年出栏量等。

占地指标： 总占地面积（hm^2）、建（构）筑物占地面积（m^2）、道路及运动场占地面积（m^2）、绿化占地面积（m^2）、其他用地面积（m^2）。

建筑密度（%）： 建（构）筑物占地面积与总占地面积的百分比。

容积率（%）： 总建筑面积（地上）除以总占地面积。

绿化率（%）： 绿化占地面积与总占地面积的百分比。

主要工程量： 围墙长度（m）、排水沟长度（m）、大门数量（个）、土（石）方工程量（m^3）。

羊舍建筑与结构

作为养羊业生产体系重要组成部分的羊舍建筑，其技术性能和经济性能不仅影响着羊场的投资和动物的生产性能发挥，而且会对动物的生存环境和饲养人员的工作环境产生直接影响，在养殖企业生产效益、生产成本控制中扮演着十分重要的角色。国外一些发达国家的畜禽舍建筑发展较早，已基本实现了装配化、标准化和定型化。我国畜禽舍过去多采用砖混结构，主要参考工业和民用建筑设计规范进行设计，而较少采用价格较高，但质量轻、强度高、建设高效的建筑材料，制约了我国畜禽舍建筑的发展。20 世纪 80 年代后期，随着对畜禽建筑研究重视程度的提高，简易节能敞开式畜禽舍被研发出来并得到推广，在节约资金和能源等方面获得十分显著的效果，与封闭型舍相比，可节约资金约 50%，用电仅为封闭型舍的 1/15～1/10。近年来，大棚式羊舍、拱板结构型羊舍、复合聚苯板组装式羊舍、被动式太阳能羊舍、菜畜互补型羊舍等多种建筑形式被先后研发出来，较好地解决了我国羊舍建筑建设周期长、投资浪费大、土建投资高、工程质量难以保证等问题。与此同时，敞开式可封闭畜禽舍和屋顶可开启式自然采光的大型连栋畜禽舍建筑形式被研发出来，使得畜禽舍建筑的形式更加多样化，不但综合了敞开式舍和封闭舍的特点，而且更有利于节约土地、资金，减少了运行费用，在推动我国畜牧业发展中起到了积极的作用。

第一节　羊舍的建筑类型

一、基本要求

羊舍是羊繁殖、生长、发育的场所。现代羊舍建设有以下几点基本要求。

（一）环境适宜

养羊业要实现全年均衡生产，必须要为动物提供符合其生理特点与要求的适宜环境。

（二）便于生产作业

现代养羊生产正朝着集约化、标准化的方向发展。羊舍的建设在为羊提供适宜环境的同时，必须力求在不违背羊行为习性的前提下便于饲养管理、生产作业以及劳动生产效率的提高和实现生产过程机械化。

（三）经济实用

羊舍建筑投资大，直接影响整个投资成本，所以应因地制宜、讲究实效、节约投资。动物不同于植物或一般机器，它有主动适应环境、克服不利环境影响的能力。在羊生产的同时，会有大量代谢能产生，可保持一定的舍温。因此，在羊舍设计及日常管理中应多考虑这些特点，并加以利用，以节约用于控制环境温度所消耗的能源。

（四）保证安全

养羊生产经常受到疫病威胁。为保证安全，除应加强日常管理、严格防疫与消毒外，在羊舍选址与设计中应力求阻断疫病传播途径。同时，应注意防火、防寒、抗震等。

（五）保护环境

羊粪便等废弃物是环境污染源。解决好羊粪便的清除与管理，既有利于保护环境，也有利于羊生产安全。

二、羊舍类型与结构

羊舍建筑是改善和控制养羊生产环境的主要手段。中国养羊业区域分布广，自然地理环境条件和饲养方式差异较大，因而羊舍类型差异也较大。

不同类型的羊舍一方面影响舍内小气候条件，如温度、湿度、光照和有害因子等；另一方面，影响羊舍环境改善的程度和控制能力，如敞开式羊舍小气候条件受舍外环境条件影响较大，不利于采用环境控制措施和手段。因此，根据羊的需求和当地气候条件选择适宜的羊舍类型特别重要。

（一）按畜栏排列数分类

按畜栏排列数和饲槽排列数分为单列式、双列式或多列式羊舍，这是我国目前养羊生产中较为普遍采用的建筑形式，实用性强，利用率高，建设方便。单列式适合农户养羊，一边为饲喂通道和饲槽，一边为羊圈，舍外连接运动场。双列式适合于规模化养羊，依据饲喂通道的位置，可分为对头式和对尾式，两侧外连接运动场。多列式适用于大型养羊场的大跨度羊舍。在牧区，舍内部结构可简单一些，但须有补饲槽、饮水设施。在农区和半农半牧区，须有饲槽、饲喂通道和饮水设施。单列式和双列式羊舍剖面示意图，见图 4-1、图 4-2。

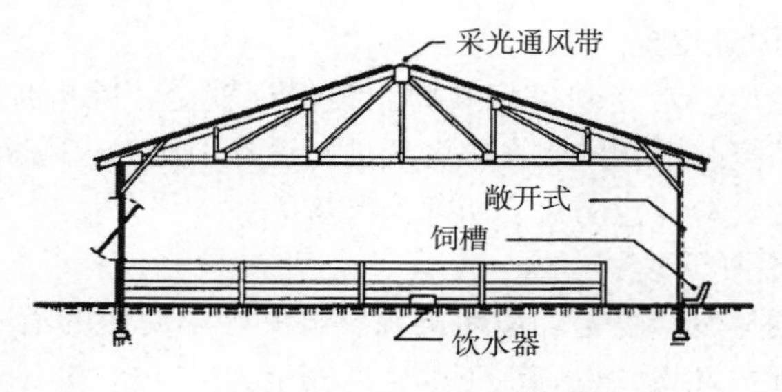

图 4-1　单列式羊舍剖面图

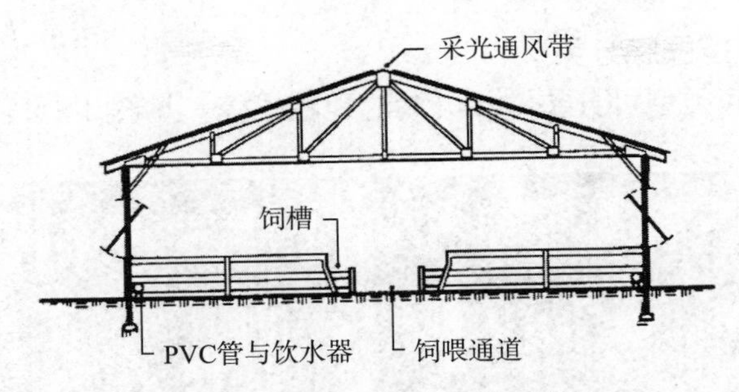

图 4-2　双列式羊舍剖面图

（引自 *Sheep Housing and Equipment Handbook* MWP-3，4th ed，1994）

（二）按羊舍围护结构封闭程度分类

根据羊舍四面墙壁的封闭程度，划分为封闭式舍、敞开式舍和棚舍等类型。封闭舍四面墙壁完整，有较好的保温性能，适合于较寒冷的地区；敞开式舍三面有墙，一面无墙或只有半截墙，通风采光好，但保温性能差，适合于较温暖的地区；棚舍只有屋顶而没有墙壁，只能防雨和太阳辐射，适合于我国南方地区。

（三）按羊舍屋顶形式分类

根据羊舍屋顶的形式，可分为单坡式、双坡式、圆拱式和钟楼式等类型（图 4-3）。单坡式羊舍跨度小，自然采光好，投资少，适合小规模养羊；双坡式羊舍跨度大，有较大的设施安装空间，是规模化羊场常采用的一种类型，但造价也相对较高。

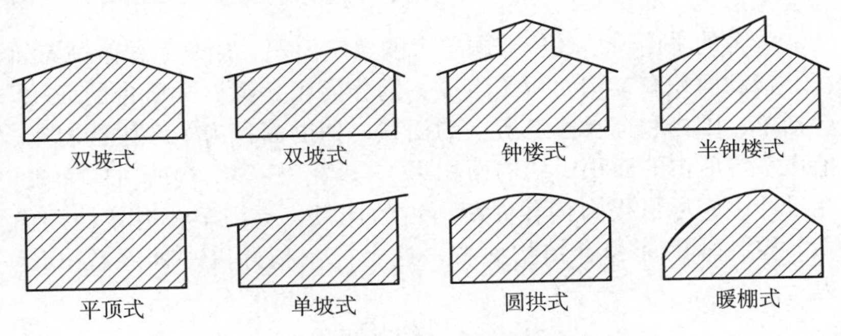

图 4-3　羊舍不同类型屋顶形式

(四) 按圈底分类

按圈底类型可分垫圈式、漏缝地板式等，见图 4-4、图 4-5。

图 4-4　垫圈式羊舍

图 4-5　漏缝地板式羊舍

第二节　羊舍设计

一、建筑尺寸

(一) 平面尺寸的确定

羊舍的平面尺寸是指羊舍长、宽两个方向的尺寸。设计步骤：选定建筑类型，确定羊舍、栏圈、设备尺寸和排列方式，各种管理通道尺寸和布置方式，以及排污和排水系统的布置与尺寸；确定附属房间和设施的位置与尺寸；同时应根据饲养规模、饲养管理定额、不同生理阶段羊占位等技术参数（表 3-3 和表 3-4），结合地形综合考虑。

羊舍的平面尺寸还应兼顾羊舍的建筑面积。建筑面积由饲养面积、辅助面积和结构面积等组成。饲养面积是饲养羊所占的面积，包括羊、围栏和饲喂通道所占的面积；辅助面积为羊舍中饲料间、值班室等所占的面积；结构面积为羊舍墙、柱等结构所占的面积。在设计中应尽量提高饲养面积所占的比例，提高羊舍有效使用面积，控制辅助面积和结构面积，这个控制指标以平面系数（K）表示。

$$平面系数（K）=\frac{饲养面积}{建筑面积}\times 100\%$$

平面系数（K）是衡量羊舍建筑平面设计是否经济合理的一项技术指标。

（二）构件尺寸的确定

为使羊舍及其配件之间合理结合和相互协调，必须在选择构造方案时考虑各种尺寸之间的相互关系和配合，因此，需要选定一种标准尺度单位，作为羊舍及其构配件尺寸相互协调的共同基础。参照国家建委制定的《建筑统一模数制》相关标准，设计时以 100 mm 作为基本模数（Mo），以此为基础，还规定了分模数和扩大模数。基本模数数列和 3 Mo、6 Mo* 扩大模数数列一般用于门窗洞口、构配件、建筑制品，以及建筑物的轴线跨度、间距、层高尺寸等；12 Mo、30 Mo 和 60 Mo 扩大模数数列则用于较大的轴线跨度、间距、层高及构配件尺寸等；1/2 Mo、1/5 Mo 和 1/10 Mo 分模数数列一般用于各种节点、构配件截面以及其他建筑制品的轴线尺寸等；1/20 Mo、1/50 Mo 和 1/100 Mo 分模数数列一般用于材料的厚度、直径、缝隙及构造的细小尺寸以及建筑制品的公偏差等。

为了统一协调羊舍建筑尺寸的标准，加强标准化、通用化、系列化生产，为推广和选用标准件及提高建筑生产设施化奠定良好的基础，在确定设计方案时，应尽量采用建筑模数制，依据不同地区、生产对象和屋架结构，常见的羊舍建筑跨度有 3～6 m、9 m、12 m、15 m、18 m、24 m、27 m、30 m 等；开间以 3 m、4 m 或 6 m 居多，屋面坡度以 1/2、1/3 或 1/5 居多，实际建筑时各地应根据具体情况做适当调整。

（三）剖面尺寸的确定

羊舍的剖面尺寸主要是根据生产工艺的特殊要求来确定羊舍内外高差、舍内地面与粪沟的标高与坡度、设备高度、檐口或屋架底标高、窗的上下檐口标高等。以下为有关技术要求。

1. 确定舍内外地坪标高

舍内外地坪的高差，取决于地面坡度的设计。地面排水坡度可

---

* Mo 为建筑模数单位。

取0.5%～3%，实体地面羊床坡度一般为1%～3%。在一般情况下，舍内饲喂通道的标高应高于舍外地坪0.15 m，并依此作为舍内地坪（标高±0.000）。如果舍内地坪高低变化大，最低处低于舍外地坪过多时，或牧场场地低洼、当地雨量较大时，可适当提高饲喂通道的高度，但要考虑到舍内外地坪高差越大，羊舍外大门坡度必然越长，坡长不宜大于15 m，否则将造成车辆进出羊舍困难。

2. 确定羊舍门窗及预留洞口高度尺寸

门窗高度及垂直尺寸应按建筑有关规范进行。为保证采光效果，应按入射角、透光角计算窗户的上下檐口高度，然后确定其位置和尺寸；窗下设地窗时，尺寸可为30 cm×60 cm（高×宽），炎热地区可酌情加大。地窗宜做成塑钢窗，并加防鸟网以防动物和鸟雀钻进羊舍。风机孔、进风口等预留洞口的垂直尺寸和位置，应在剖面设计图上表示出来。羊舍的屋架下弦或梁底高度一般为2.5～4.5 m（以±0.000为基准），可根据舍内养殖羊的品种和所属区域不同而略有不同。南方炎热地区羊舍檐口高可适当加高，以保证良好的通风和采光。羊舍墙裙高一般为1.2～1.6 m。

3. 确定舍内净高尺寸

舍内净高应根据羊场建设的标准、舍内配置的羊栏、饲槽、饮水器、排粪沟等在垂直方向的位置和高度尺寸以及设备厂家提供的产品资料来确定，或根据需要自行设计。

4. 确定墙体和屋面尺寸

由于墙体和屋面为承重构件，必须经过强度、刚度、稳定性等有关计算确定其尺寸，并应考虑不同地区的风载、雪载等附加载荷。屋面保温层的厚度，应根据所选材料、羊舍要求和当地建筑气象资料，经热工计算后确定。

二、隔热与保温技术要求

羊舍的防寒、防暑性能，在很大程度上取决于外围护结构的保温隔热性能。保温隔热设计合理的羊舍，除极端寒冷和炎热地区之外，一般可以保证动物对温度的基本要求，只有幼小动物，由于其本身热调节机能发育不完全，对低温比较敏感，故需要通过采暖以保证幼小动物所要求的适宜温度。羊舍隔热和保温就是通过确定维护结构的热阻值、建筑防寒与防暑措施，以及所采用的供暖、降温设备，达到防寒、防暑的目的。

（一）隔热

为隔绝外界热流向舍内传递而采取的措施，也是炎热地区羊舍设计重点考虑的工作。

1. 热源

羊舍主要的热源是太阳的辐射热。羊舍的隔热主要是隔绝舍外围护结构吸收太阳辐射热。在寒冷地区以及夏热冬冷地区，羊舍围护结构只要能在冬季有效保温，一般即可满足夏季的隔热；而在炎热地区则需要进行必要的隔热设计。

2. 隔热措施

（1）舍外围护结构隔热　羊舍隔热效果主要取决于屋顶与外墙的隔热能力。建筑上采用白色或浅色外表面可反射大部分直射、散射与反射来的太阳辐射热，从而缓解白昼舍温升高，其效果甚至超过了增加结构热阻的作用。但湿热地区由于潮湿，真菌与苔藓植物容易滋生，致使其浅色表层很难长时间保持。

（2）实体材料层结构隔热　一般通过加大材料层的热阻和利用材料的蓄热能力实现隔热。目前隔热材料具有质轻、蓄热系数低与热阻大等特点，是炎热地区羊舍建筑的理想隔热材料，但应用时应注意防火与防潮。如由黏土瓦、石棉水泥板或镀锌铁皮构成的轻质屋面，由于蓄热能力低，在潮湿地区是比较适宜的。但这类屋面通常为暗色，白天极易晒热导致舍内温度波动，所以必要时可在其下设置隔热层，如挤塑板、苯板、聚酯板等。

（3）空气间层结构隔热　是利用空气热阻大的特性处理建筑隔热的一项经济实用的措施。空气间层的进风口应设在迎风面，位置要低；出风口设在背风面，位置要高（图 4-6）。坡屋顶间层高度一般为 120～200 mm，平屋顶为 200 mm，间层内壁要光滑，通风距离不宜过长。

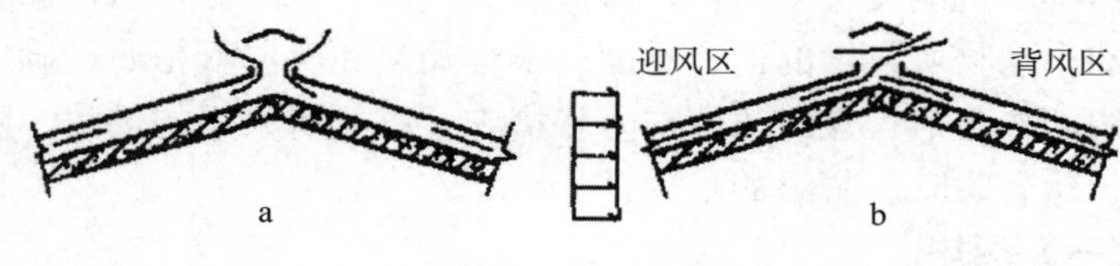

图 4-6　通风屋顶
a. 热压作用　b. 风压作用

（4）其他措施　在炎热条件下，要为动物创造舒适的环境，还需采取遮阳、通风等综合措施。设置遮阳设施、合理确定相邻建筑物间距和实行绿化，可有效改善场区内和羊舍内的小气候状况。实践证明，场区绿化一般可使舍内温度降低 2～4 ℃。夏季加大羊舍通风，可排除舍内蓄积的热量；但通风量过大，又会将舍外炙热空气导入舍内，使舍内温度升高，所以应合理组织夏季羊舍通风。

（二）保温

为防止羊舍热量向舍外传递所采取的工程和管理措施，是寒冷地区羊舍设计应重点考虑的工作。羊舍的保温和供暖，主要包括外围护结构的保温设计、建筑防寒设计、羊舍供暖以及加强管理措施等。

羊舍的保温设计，要根据地区气候差异和羊生理要求，选择合适的建筑材料和合理的羊舍外围护结构，使围护结构总热值达到基本要求，这是羊舍保温的根本措施。

为使技术可行、经济合理，在羊舍热工设计中，一般根据冬季低限热阻来确定围护结构热阻。冬季不同地区羊舍外围护结构低限热阻值见表 4-1。冬季低限热阻值是指保证围护结构内表面温度不低于允许值的总热阻。在我国工业与民用建筑设计规范中，对相对湿度大于 60%，且不允许内表面结露的房间，墙的内表面温度要求在冬季不得低于舍内的露点温度。对于屋顶，由于舍内空气受热上升，屋顶散热要比相同面积的墙壁多，潮湿空气更容易在屋顶凝结，因此要求屋顶内表面温度比舍内露点温度高 1 ℃。

表 4-1　羊舍外围护结构冬季低限热阻 [R_0^d，$(m^2 \cdot K)/W$]

（引自李如治主编．2005．家畜环境卫生学．3 版．中国农业出版社）

序号	城市名称	舍外计算温度（℃）	产羔舍、哺乳羊舍	育成羊、成年羊舍
1	北京	−9	0.456 (0.570)	0.376 (0.470)
2	上海	−2	0.304 (0.380)	0.221 (0.276)
3	天津	−9	0.456 (0.570)	0.376 (0.470)
4	哈尔滨	−26	0.825 (1.031)	0.752 (0.940)
5	长春	−23	0.759 (0.949)	0.686 (0.858)
6	沈阳	−20	0.964 (0.868)	0.619 (0.774)
7	石家庄	−8	0.434 (0.543)	0.354 (0.443)
8	太原	−12	0.521 (0.651)	0.442 (0.553)
9	呼和浩特	−20	0.964 (0.868)	0.619 (0.774)
10	西安	−5	0.369 (0.461)	0.288 (0.360)
11	银川	−15	0.586 (0.733)	0.507 (0.634)
12	西宁	−13	0.542 (0.678)	0.464 (0.580)

（续）

序号	城市名称	舍外计算温度（℃）	产羔舍、哺乳羊舍	育成羊、成年羊舍
13	兰州	−11	0.499 (0.624)	0.420 (0.525)
14	乌鲁木齐	−23	0.759 (0.949)	0.686 (0.858)
15	济南	−7	0.412 (0.515)	0.332 (0.415)
16	南京	−3	0.325 (0.406)	0.243 (0.304)
17	合肥	−3	0.325 (0.406)	0.243 (0.304)
18	杭州	−1	0.282 (0.353)	0.199 (0.249)
19	南昌	−1	0.282 (0.353)	0.199 (0.249)
20	长沙	−1	0.282 (0.353)	0.199 (0.249)
21	南宁	7	—	—
22	成都	2	—	—
23	重庆	4	—	—
24	贵阳	−1	0.282 (0.353)	0.199 (0.249)
25	昆明	3	—	—
26	拉萨	−6	0.347 (0.488)	0.265 (0.386)
27	福州	5	—	—

（续）

序号	城市名称	舍外计算温度（℃）	产羔舍、哺乳羊舍	育成羊、成年羊舍
28	郑州	−5	0.369 (0.461)	0.288 (0.360)
29	武汉	−2	0.304 (0.380)	0.221 (0.276)

注：①表中括号外数值为外墙的 R_0^d 值，括号内数值为屋顶的 R_0^d 值。

②表中外墙和屋顶冬季低限热阻 R_0^d 值按下式求得：

$$R_0^d=\frac{t_n-t_w}{t_n-t_1}\cdot R_n\cdot\alpha$$

式中：R_0^d——冬季低限热阻［（$m^2\cdot K$）/W］；

t_n——冬季舍内计算温度（℃）（产羔舍、哺乳羊舍 12℃，育成羊、成年羊舍 8℃）；

t_w——冬季舍外计算温度（℃）（采用我国工业与民用建筑设计规范规定的采暖室外计算温度，列于表第 3 列）；

t_1——在舍内计算温度 t_n（产羔舍、哺乳羊舍 12℃，育成羊、成年羊舍 8℃）和舍内计算湿度 φ（产羔舍、哺乳羊舍 70%，育成羊、成年羊舍 70%）情况下的露点温度（℃）（产羔舍、哺乳羊舍 6.7℃，育成羊、成年羊舍 2.8℃）；

R_n——外墙和屋顶的内表面热转移阻［（$m^2\cdot K$）/W］［本表计算均取 0.115（$m^2\cdot K$）/W］；

α——考虑材料变形和围护结构热惰性的系数（本表计算取 1.0）。

③表中屋顶冬季低限热阻是将外墙冬季低限热阻乘以系数 1.25 而取得。

④表中舍外计算温度较高的地区，未列出冬季低限热阻，表明不必考虑冬季保温，但须按夏季隔热要求来设计外围护结构的总热阻；冬冷、夏热地区，按冬季低限热阻确定外墙和屋顶构造后，须以夏季隔热指标进行校核。

⑤本表冬季低限热阻是保证在舍温不低于 t_n 值、舍内相对湿度不高于 φ 值时，外围护结构的内表面不结露的热阻，并不能保证舍温达到 t_n 值。如舍温低于 t_n 值，应供暖；如湿度大于 φ 值，应适当增加通风。

羊舍的湿度一般比较大，其内表面温度也应按此规定执行。各种羊舍建筑热工设计的参数，我国尚无标准，根据实践经验，对冬季各种羊舍舍内计算温度和湿度，可参考表 4-2。具体到各地区，可在此基础上进行适当调整，以此可进行冬季低限热阻和供暖热负荷等计算。

表 4-2　羊舍小气候参数

（引自李震钟主编，1992. 家畜环境卫生学及牧场设计．中国农业出版社）

名称	适宜温度（℃）	相对湿度（%）	气流速度（m/s）		
			冬季	过渡季	夏季
公母羊、小羊舍	3～6	50～85	0.5	0.5	0.8
产羔舍	12～16	50～85	0.2	0.3	0.5
采精舍	7～13	50～85	0.5	0.5	0.8

在选择墙和屋顶的构造方案时，尽量选择导热系数小的材料。如选用空心砖代替普通红砖，墙的热阻值可提高 41%，而用加气混凝土砌块，则可提高 6 倍。现在一些新型保温材料已经应用在羊舍建筑上，如中间夹聚苯板的双层彩钢复合板、透明的阳光板、钢板内喷聚乙烯发泡等，设计时可参照当地的气候、材料和习惯做法确定。以下为具体的建筑保温措施。

1. 外墙保温

墙应具备保温的功能。保温主要取决于材料、结构的选择与厚度。黏土空心砖或混凝土空心砖的保温能力比普通黏土砖高约 1 倍，而重量小 20%～40%；加气混凝土砌块的保温能力比普通黏土砖高 3～4 倍，但承重能力差，吸潮和冷风渗透能力强。随着建筑材料工业的发展，发达国家目前广泛采用一种畜禽舍建筑用的保温壁板，其外侧为波形铝合金板，内侧为 10 mm 防水胶合板。由胶合板向铝合金板的顺序依次为聚乙烯防水汽层 0.1 mm、玻璃棉 100 mm，其总厚度不到 120 mm，但热阻高达 3.28 $(m^2 \cdot K)/W$，并具有良好的防水汽和防寒能力。新型畜禽舍采用双层 PC（聚碳酸酯）板，有 4～25 mm等不同的厚度可选择，这种材料导热系数小、透明，解决了采光与保温的矛盾。

2. 屋顶保温

屋顶保温是羊舍保温的关键。通常由承重结构、保温层和防水层组成。保温层设置在承重结构层之上，其上应覆以严密的防水层。为防止舍内水汽渗入保温层，其下应设防水汽层。用作屋面的保温材料有膨胀珍珠岩、岩棉、玻璃棉、聚氨酯板等。此外，封闭的空气间层可起到良好的保温作用；加设吊顶也可提高屋顶的保温隔热能力。

3. 地面保温

羊体经常接触地面，经地面传导失热不容忽视。地面的保温、隔热性能，直接影响地面对羊的体温调节，也关系到舍内热量的散失，因此羊舍地面保温很重要。直接铺设在土地上的地面，其各层材料的导热系数值大于1.16 W/（m·K）时，通常为非保温地面。为了提高地面保温性能，可在地面铺设导热系数小于1.16 W/（m·K）的保温层，称为保温地面。如在羊床上加设木板或塑料等以缓解地面散热。可根据当地条件和材料选择适宜的保温地面。

地面保温有保温地面与地面上加保温铺垫两种形式。保温地面的结构自下而上通常由碎石填料或夯实素土、混凝土层、隔潮层、保温层及水泥抹面组成，隔潮层常用沥青、油毡、聚乙烯膜等。水泥抹面应保证不渗水，并有足够的厚度与强度，以免断裂。保温铺垫多在地面上铺木板或垫料，也可采用橡胶或塑料垫。新型的地面保温方式采用地暖，即在地面以下铺设循环盘管，通入热水，以增加舍内地面保温的作用（图4-7）。

4. 门窗保温

门窗的热阻值较小，同时，门窗缝隙会造成冬季的冷风渗透，外门开启失热量也很大，因此在寒冷地区，门窗的设置应在满足通风和采光的条件下，尽量少设，以减少经门窗的传导、对流失热。北侧和西侧冬季迎风，应尽量少设门窗。在生产中，采用双层窗，选用导热小的窗框。一般养殖户，门的尺寸不宜过大，单扇门宽度0.9～1.0 m，双扇门宽度1.2 m以上，门洞高度一般为2.1～2.4 m。规模化机械化程度高的羊舍大门因特殊需要可酌情加大，如采用全混日粮喂料车的羊舍大门，一般双扇门宽度3.0～4.0 m。在门材

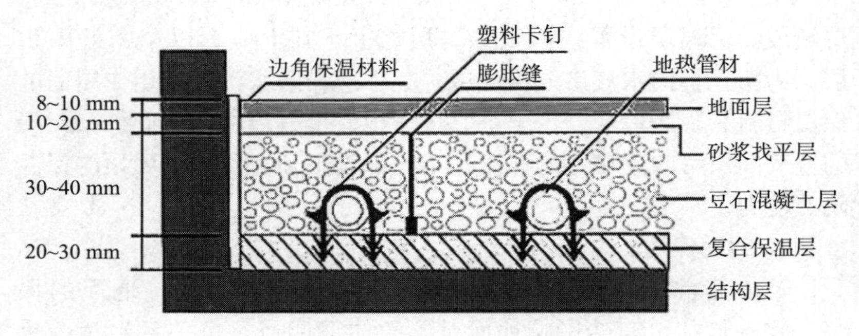

图 4-7　新型地面保温做法

料的选择上，木门密封和保温性能均较好，但作为羊舍大门则坚固程度较差，可在门扇下部两面包 1.2～1.5 m 高的镀锌铁皮；全金属门的优缺点与木门相反。实际选用时可根据实际情况酌情考虑。新型羊舍多采用保温门，以降低由于门的密封性能差而导致的羊舍保温隔热性能的降低。

5. 通过外围护结构进行保温

羊舍单位时间的失热量与外围护结构面积成正比，所以减少外墙和屋顶的面积是有效的防寒措施。在寒冷地区，屋顶吊顶是重要的防寒保温措施，使屋顶与羊舍吊顶之间形成一个不流动的空气缓冲层，对舍内保温极为重要。屋顶铺足够的保温层（玻璃棉、膨胀珍珠岩、岩棉等），是加大屋顶热阻值的有效方法。以防寒为主的地区，羊舍高度不宜过大，以减少外墙面积和舍内空间，但梁底（吊顶）下高度一般不宜低于 2.4 m。

6. 辅助供暖

如采取各种防寒措施仍不能达到舍内温度要求，则需采取供暖措施。羊舍供暖分集中供暖和局部供暖。

集中供暖是由一个集中的热源（锅炉或其他热源），将热水、蒸汽或预热后的空气，通过管道输送到羊舍或舍内的散热器（暖气片等）。局部供暖则由火炉（包括火墙或地龙等）、电热器、保温伞、红外线灯等取暖，供给羊舍的局部环境。采用哪种供暖方式，应根据羊舍要求和供暖设备投资、运行费用等综合考虑。

三、防水防潮

防水防潮是为防止水和水汽向羊舍围护结构内渗透和防止舍内潮湿所采取的一切措施。

（一）羊舍建筑结构防水

为了防止雨水通过屋面渗漏及地下水借毛细管作用上移，导致屋顶、墙体及地面潮湿。通常在屋面、基础与墙体交接处，地面铺防水材料以阻断水的通路。常采用的防水材料有卷材（油毡等）、涂膜（沥青、化工副产品、合成树脂等）及刚性防水材料（在混凝土、水泥砂浆中加入防水剂等）。此外，屋面防水常用黏土平瓦、水泥平瓦、波形石棉瓦、波形镀锌铁皮等。

（二）羊舍建筑结构防水汽

北方寒冷地区，冬季舍内潮湿阴冷，屋顶、墙体常常会有水汽凝结，为了阻断舍内水汽渗入冷凝使保温层的隔热能力下降，避免水结冰破坏建筑结构，通常在屋顶、墙体中设置隔水汽层。常用的隔水汽层材料有沥青、卷材、隔水汽涂料和聚乙烯膜等。隔水汽结构材料层的排列顺序由内向外依次是内面层—隔水汽层—保温层或通风间层—外面层。

（三）防止羊舍内潮湿的措施

羊舍空气中水汽的主要来源是羊本身和潮湿物体。试验证明，每只羊每天由呼吸道和皮肤排出的水汽量为1～1.25 L。而由地面和其他物体表面蒸发的水汽量一般为动物体排出量的10%～30%。前者干预难度较大，所以羊舍防潮的关键在于先消除与限制第二类水汽来源。通常采取以下措施消除与限制第二类水汽来源。

1. 改进饲养方式，如改进饮水方式，防止饮水器漏水。

2. 改进清粪方式，及时清除粪尿。

3. 减少舍内作业用水，尽量保持地面干燥。

4. 合理组织通风，有效排除舍内的水汽。

第三节　羊舍结构

一、羊舍的结构分类

羊舍的结构样式主要取决于养殖的方式、气候条件、投资情况等。主要分为土木砖混结构和轻钢结构两大类。

羊舍的结构设计，应遵循坚固耐用、符合羊生产要求，形体和构造简单、整齐，便于构件一体化、定型化施工，经济美观实用的原则。具体设计过程还要考虑以下三方面因素。

1. 自然条件

我国地域辽阔，地形地势复杂，羊舍构造有很强的地方性特点，如南方羊舍主要考虑通风、隔热和防暑，多采用通风屋顶和柱子承重的凉亭式羊舍；北方羊舍着重考虑冬季通风、保温防寒和防止结露，通常采用封闭或半封闭式羊舍。

2. 羊生产特点

由于羊一般比较耐寒而不耐热，我国北方常采用钟楼式羊舍、封闭式羊舍和半封闭式羊舍等。为满足养羊生产工艺要求，不同阶段的羊群须按照各自的特点和差异采取不同的构造方案。

3. 因地制宜

考虑到各地的建筑材料、建筑习惯、投资能力等情况，需要采用不同的结构方案。

二、羊舍结构的技术要求

（一）基础

基础是羊舍的承重构件，承担通过墙、柱传来的全部荷载（包括雪载、风载等），再将其传给地基。整个羊舍的坚固与稳定状态取决于基础。所以基础应坚固、耐久，具备抗机械作用能力及防潮、抗震、抗冻能力。此外，加强基础保温对改善羊舍的环境条件具有重要意义。几种典型基础样式见图 4-8。

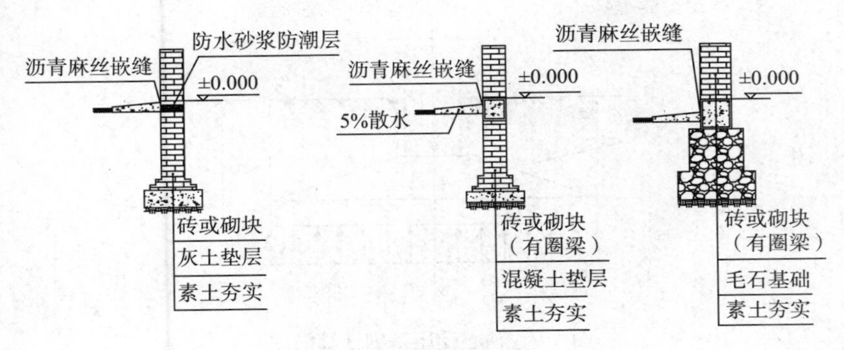

图 4-8 典型基础样式

基础的断面形式一般是在地基上自下而上设垫层、大放脚（台阶状）和基础墙（与其上部墙同宽）。基础通过大放脚（一般用砖石砌筑）加大其底面积，以使压强不超过地基的承载力。为节约大放脚用料，可设不同材料的垫层。按垫层使用材料的不同，可分为砖基础、灰土基础、碎砖三合土基础、毛石基础、混凝土基础等，因上部载荷太大或地基承载力限制了基础埋深时，可采用钢筋混凝土基础。

基础的埋置深度应根据羊舍的总载荷、地基的承载力、当地的冻土层厚度以及地下水位高低等情况而定。比如北方地区在膨胀土层修建羊舍时，应将基础埋置在土层最大冻结深度以下。基础受潮是引起墙壁潮湿及舍内湿度大的原因之一，故应注意基础防潮、防水。基础应尽量避免埋置在地下水中，基础的防潮层设在舍内地坪以下 40 mm。

基础的构造类型一般分为条形基础（墙基础）和独立基础（柱基础）。连栋羊舍一般采用独立基础。基础埋深、底面宽度和断面形式均需由工程技术人员计算确定，以免发生工程事故。基础外墙角处地坪须做散水，以防止屋檐水破坏基础；散水和墙面接触处须做沥青麻丝嵌缝，防止因房屋结构伸缩引起散水开裂。

1. 基础底面积的确定原则

在轴心荷载作用下，假定基础底面的压力为均匀分布（图 4-9）。

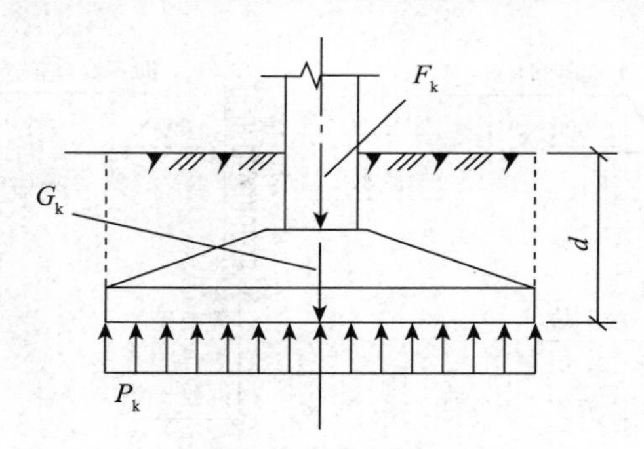

图 4-9　轴心受压基础计算简图

按地基持力层承载力计算基底尺寸时，要求基础底面压力满足下式要求：

$$P_k=\frac{F_k+G_k}{A}\leqslant f_a \tag{4-2}$$

式中：f_a——修正后的地基持力层承载力特征值（规范规定当基础宽度大于 3 m、基础埋深大于 0.5 m 时，地基承载力特征值要考虑修正）；

P_k——荷载效应标准组合时，基础底面处的平均压力值；

A——基础底面积；

F_k——荷载效应标准组合时，上部结构传至基础顶面的竖向力值；

G_k——基础自重和基础上的土重，对一般实体基础，可近似地取 $G_k=\gamma_G Ad$（γ_G 为基础及回填土的平均重度，可取 $\gamma_G=20\ kN/m^3$，d 为基础平均埋深）。

将 $G_k=\gamma_G Ad$ 代入式（4-2），得到基础底面积计算公式如下：

$$A\geqslant\frac{F_k}{f_a-\gamma_G d} \tag{4-3}$$

（1）柱下独立基础　在轴心荷载作用下，当采用正方形基础时，其边长为：

$$b \geqslant \sqrt{\frac{F_k}{f_a - \gamma_G d}} \tag{4-4}$$

（2）墙下条形基础　可沿基础长方向取单位长度 1 m 进行计算，荷载也为相应的线荷载（kN/m），则条形基础的宽度为：

$$b = \frac{F_k}{f_a - \gamma_G d} \tag{4-5}$$

在上面的计算中，一般先要对地基承载力特征值（f_{ak}）进行深度修正，然后按计算得到基底宽度 b，考虑是否需要对 f_{ak} 进行修正。如需要，修正后重新计算基底宽度，如此反复计算一二次即可。最后确定的基底宽 b 和长 l 均应为 100 mm 的倍数。f_a 为修正后的地基持力层承载力特征值。

2. 基础高度

单独基础是独立的块状形式，常用的断面形式有阶梯形、锥形、杯形，适用于多层框架结构或单层羊舍（房屋）排架柱下基础。

（1）独立基础高度　如果独立基础高度不足，将发生冲切破坏（图 4-10），形成沿柱边向下的混凝土锥体。阶梯形基础也可能从基础的变阶处开始形成锥体而发生冲切破坏。

冲切破坏锥体有四个梯形斜向冲切面。对矩形底板基础，可仅对短边的斜冲切面进行受冲切承载力验算，因其受冲切面积最小，受冲切承载力最差（图 4-11）。

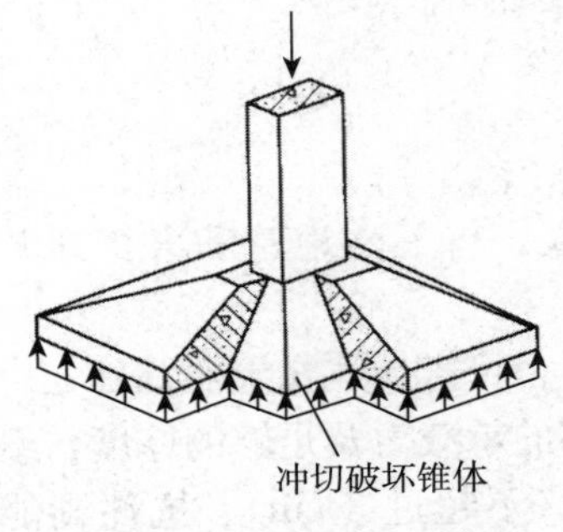

图 4-10　基础冲切破坏

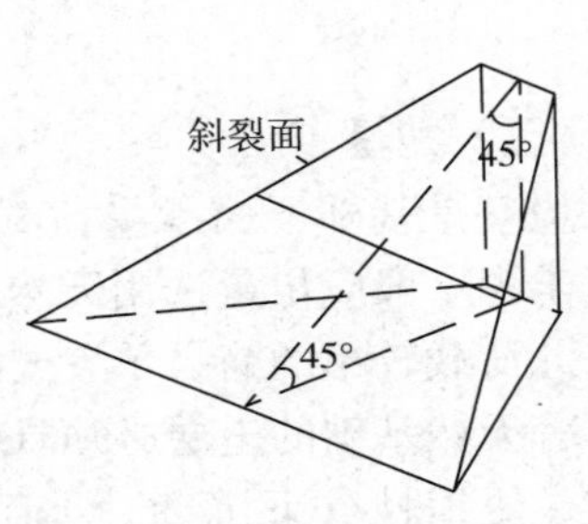

图 4-11　冲切斜裂面长度

(2) 条形基础高度　钢筋混凝土基础又称为柔性基础，其受力特点如倒置的悬臂板。这类基础的高度不受台阶宽高比的限制，可以按计算确定。钢筋混凝土基础的构造要求见图 4-12。

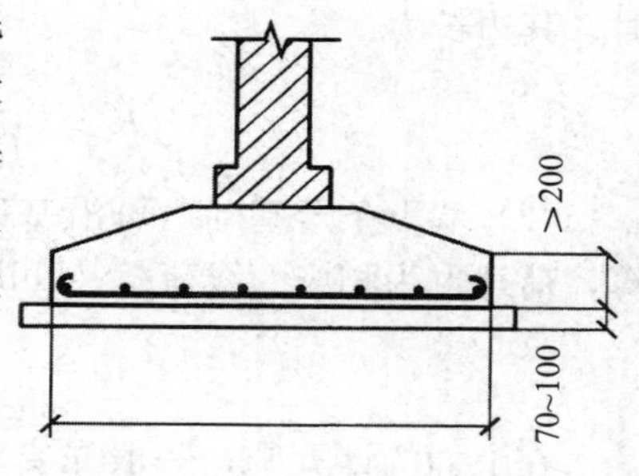

图 4-12　钢筋混凝土条形基础断面
(单位：mm)

条形基础用砖、石、素混凝土等刚性材料制作时，基础的断面形式受刚性角限制（图 4-13）。当素混凝土基础的刚性角小于等于 45°时，砖基础的大放脚宽高比应小于等于 1∶1.5。大放脚的做法一般采用两皮砖出挑 1/4 砖或每两皮砖出挑 1/4 砖与每一皮砖出挑 1/4 砖相间砌筑。

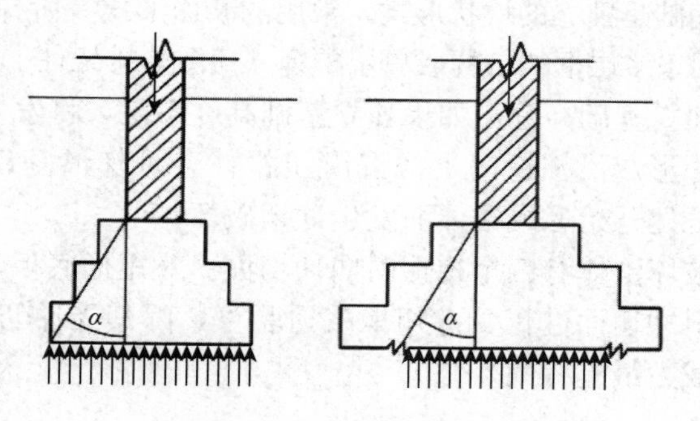

图 4-13　刚性基础断面
α 为刚性夹角

(二) 地基

地基是基础下面承受荷载的土层，有天然地基和人工地基之分。羊舍一般应尽量选用天然地基。

总荷载较小的简易羊舍或小型羊舍可直接建在天然基础上。用作羊舍天然基础的土层必须具备足够的承载力及足够的厚度，组成一致、压缩性（下沉度）小而均匀（不超过 3 cm）、抗冲刷能力强、膨胀性小、地下水位在 2 m 以下，且无侵蚀作用。

常用的天然基础有沙砾、碎石、岩性土层；有足够厚度，且不受地下水冲刷的砂质土层也是良好的天然地基。而黏土、黄土含水多时压缩性很大，冬季膨胀性也很大，不能保证干燥，不适于作天然地基。富含植物有机质的土层、回填土也不适于作天然地基。

土层在施工前经过人工处理加固的称为人工地基。为了选准地基，在建设羊舍之前，应确切地掌握有关土层的组成情况、厚度及地下水位等准确资料，一般需要有当地近期的地质勘探报告。只有这样，才能决定基础做法，保证开工后顺利施工，也为整个项目预算提供依据。

（三）墙体

墙是基础以上露出地面、将羊舍与外部空间隔开的外围护结构，是羊舍的主要结构。以砖墙为例，墙的重量占羊舍建筑物总重量的40%～65%；造价占总造价的30%～40%；其冬季通过墙散失的热量占整个羊舍总失热量的35%～40%。通常还负有承载屋顶重量的作用。舍内的湿度、通风、采光也要通过墙上的窗户来调节，因此，墙对羊舍舍内温湿度状况的保持和羊舍稳定性起着重要的作用。

墙的分类：依据其功能和作用，分为承重墙和隔断墙（或隔墙）；依据其内外，分为外墙和内墙；依据舍的长宽，分为纵墙（或主墙）和端墙（山墙）。

由于各种墙的功能不同，在设计与施工中的要求也不同。墙体须坚固、耐久、抗震、耐水、防火、抗冻；结构简单，便于清扫、消毒；同时应有良好的保温和隔热性能。墙体的保温、隔热能力取决于所采用的建筑材料的特性与厚度。尽可能选用隔热性能较好的材料，保证采用最合理的隔热设计，这是比较有利的经济措施。受潮不仅可使墙的导热加快，造成舍内潮湿，而且会影响墙体寿命，所以必须对墙采取严格的防潮、防水措施。

防潮措施有：用防水好且耐久的材料作外抹面以保护墙面不受雨雪的侵蚀；沿外墙四周做好散水或排水沟；墙内表面一般用白灰水泥砂浆粉刷，墙裙高1.0～1.5 m；散水宽0.6～0.8 m、坡度2%等。这些措施对于加强墙的坚固性、防止水汽渗入墙体、提高墙的保温性均有重要意义。

常用的墙体材料主要有砖、石、土、混凝土等。在羊舍建筑中，也有的采用双层金属板中间夹聚苯板或岩棉等保温材料的复合板作为墙体，效果较好。

（四）地面

1. 基本要求

羊舍地面的作用不同于工业和民用建筑，其特点是羊的采食、饮水、休息、排泄等活动均在地面上进行。因此，羊舍地面的基本要求是：①坚实、致密、平坦、有弹性、不硬、不滑；②有利于消毒排污；③保温、不冷、不渗水、不潮湿；④经济实用。

当前在羊舍建设中，很难有一种材料能满足以上所有要求，各地可根据当地的自然条件和气候酌情选择地面材料。

2. 不同类型地面特点

根据使用材料的不同，羊舍地面可分为素土夯实地面、三合土地面、砖地面、混凝土地面等。沥青混凝土地面虽然各种性能俱佳，但因含有危害动物健康的有毒有害物质，现已禁止在羊舍内使用。素土夯实地面、三合土地面和砖地面保温性能较好，造价低，但吸水性强，不坚固，易被破坏，除小型饲养户外，现已较少采用。混凝土地面除保温性能和弹性不理想外，其他性能均可符合养羊生产要求，造价也相对较低，故被普遍采用。

羊舍地面的构造一般分基层、垫层和面层。图 4-14 是几种地面的一般做法。

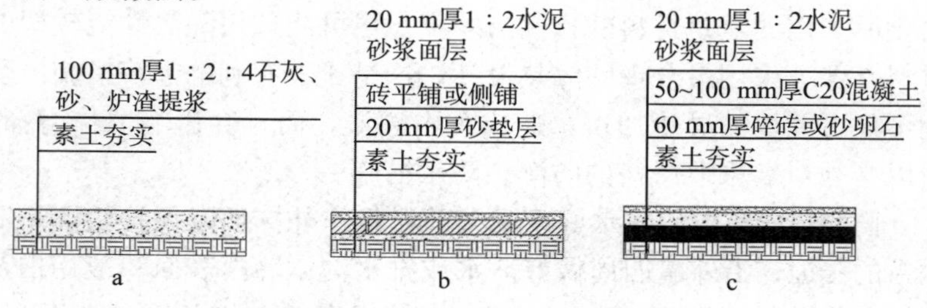

图 4-14　羊舍地面不同做法

a. 三合土地面　b. 地面砖　c. 混凝土地面

3. 地面强度要求

羊舍地面用1∶2水泥砂浆做20 mm厚面层时，应做防滑处理。为提高实体地面的保温性能，可在满足强度要求的前提下，在垫层下面铺白灰焦渣、空心砖等，并酌情减小垫层厚度；也可在垫层下设保温层，但须防止沉降而产生裂缝。漏缝地板的制作，除以混凝土为材料者可经过计算确定截面尺寸、配筋并支模预制外，其余需由工厂定型生产。无论何种漏缝地板的设计与制作，除选择性能良好的材料和保证强度达到表4-3羊舍地面（漏缝地板）设计荷载要求外，还须确定板条与缝隙宽度的适宜比例。经研究表明，条缝比例一般以（3～8）∶1为宜。

表4-3　羊舍地面（漏缝地板）设计荷载

（引自杨仁全主编，2009. 工厂化农业生产. 中国农业出版社）

名　称	漏缝地板（g/m）	实体地面（kg/m²）
公、母羊	178.6	244.1
育肥羊	148.8	195.3

4. 地面蓄热、隔潮性能要求

地面蓄热对羊舍小气候的影响较大，如选用材料及结构设计合理，当羊在地面躺卧时，热能可被地面蓄积起来，而不至于传导散失，在羊站立后其大部分热能释放至舍内空气中。这不仅有利于地面保温，而且有利于舍内温度调节。

地面的防水、隔潮性能对地面本身的导热性和舍内小气候状况、卫生状况的影响很大。如地面透水，羊粪便及冲洗水会深入地面下土层。这样使地面导热能力增强，从而导致羊躺卧失热增加，同时微生物容易繁殖，粪便腐败分解也容易使空气污染。

5. 地面坡度

地面平坦、有弹性且不滑，在养羊生产上是一项重要的环境卫生学要求。地面过硬，不仅羊躺卧时感觉不舒适，且对四肢有害，易引起羊膝关节水肿；地面过滑，易摔倒，会造成羊挫伤、骨折、流产等；地面不平，易损伤羊的蹄、腱，积水滋生微生物，且不便清扫、消毒。地面向排污沟应有一定的坡度，以保证排污顺畅。羊舍地面的适宜坡度为1.0%～1.5%。坡度过大会使羊四肢、腱、韧带负重不均，易造成羊蹄部受伤。

. 因此，在修建羊舍地面时，须注意以下几个方面。

①在舍内不同的区域依据不同的要求采用不同的材料，如在羊栏内采用三合土、木板，而在饲喂通道采用混凝土。

②在地面不同的层次采用不同材料，取长补短，达到良好的效果。

③在羊栏内铺设木板、稻草或秸秆类，改善地面状况，可收到较好的效果。

（五）门、窗

门窗均属非承重的建筑配件。门的主要作用是交通和分隔房间，有时兼有采光和通风的作用；窗户的主要作用是采光和通风，同时还具有分隔和围护作用。

1. 门

羊舍门有外门与内门之分。舍内分间的门和羊舍附属建筑通向舍内的门叫内门，羊舍通向舍外的门叫外门。

羊舍内专供人出入的门一般高度为2.0～2.4 m，宽度0.9～1.0 m；供人、畜、手推车出入的门一般高2.0～2.4 m，宽度1.4～2.0 m；供自动饲喂车通过的门高度和宽度为3.2～4.0 m。供羊出入圈栏门，小群饲养为0.8～1.2 m、大群饲养为2.5～3.0 m。门的位置可根据羊舍的长度和跨度确定，一般设在两端墙和纵墙上。若羊舍在纵墙上设门，最好设在向阳背风的一侧。

羊舍应向外开，门上不应有尖锐突出物，不应有门槛、台阶。但为了防止雨雪水流入舍内，羊舍地面应高于舍外地面，舍内外以坡道相连。

2. 窗

羊舍窗户可采用木窗、塑钢窗、钢窗和铝合金窗等，形式多为外开平开窗，也可采用悬窗。由于窗户设在墙上或屋顶上，是墙和屋顶失热的重要部分，因此窗的面积、位置、形状和数量等，应根据不同的气候条件和羊舍要求，合理进行设计。考虑到采光、通风和保温的矛盾，在寒冷地区窗的设置必须统筹兼顾。一般原则：在保证采光系数要求的前提下尽量少设窗户，以保证夏季通风为宜。如采用一种导电系数小的透明、半透明的材料做屋顶或屋顶的一部分（如阳光板），可解决采光与保温的矛盾。

依靠窗通风的有窗舍，最好使用小单扇 180°立旋窗，一是可防止因风向偏离羊舍长轴，外开窗对通风的遮挡，二是窗扇本身即导风板，可减少舍内涡流风区，提高通风效果。

（六）其他结构和配件

1. 过梁和圈梁

过梁是设在门窗洞口上的构件，起承受洞口以上构件重量的作用，有砖（砖拱）、木板、钢筋和钢筋混凝土过梁。一般地说，砖过梁高度为 24 cm，钢筋砖过梁和钢筋砖圈梁高度为 30～42 cm。圈梁是加强羊舍整体稳定性的构件，设在墙顶部或中部或地基上。羊舍一般不高，圈梁可设在墙顶部（檐下），沿内外墙交圈制作。多采用钢筋混凝土圈梁，高度为 18～24 cm。过梁和圈梁的宽度一般与墙厚等同。

2. 吊顶

吊顶为屋顶底部的附加构件，一般用于坡屋顶，起保温、隔热、有利于通风、提高舍内光照度、缩小舍内空间、便于清洗消毒等作用。根据使用材料的不同，在羊舍中可采用纤维板吊顶、苇箔抹灰吊顶、玻璃钢吊顶、矿棉吸声板吊顶等。

第五章 羊舍配套设施与设备

传统的饲养方式，如放牧，一般很少采用各种工程设施和设备。半舍饲生产工艺中工程技术的应用也比较简单。但全舍饲养羊生产中，需要配置与生产工艺相配套的设施设备。其工程配套合理与否，对养羊生产有很大影响。

第一节　羊的饲养方式

羊饲养方式主要有常年放牧、舍饲与放牧结合和常年舍饲三种。

一、常年放牧饲养

常年放牧饲养指将羊常年放在草场上饲养。放牧地点建有避风雨和日晒的简易棚舍，有时在冬季饲草不足时还必须补饲精料。这种饲养方法多在气候温和的地区采用。

二、舍饲与放牧结合饲养

舍饲与放牧结合饲养指在牧草生长期间和气候较有利的情况下将羊放入草场，夜间或气候恶劣时留在羊舍内饲养。舍内和草场上应建有供水系统，草场饮水点的半径应不超过 2～2.5 km。这种饲养方式可节省收割、加工饲料的大量劳力，而且羊能采食到新鲜的牧草，有利于动物健康。

三、全舍饲

全舍饲指羊常年被圈养在羊舍内和舍外运动场上。这种饲养方式适用于城市郊区和没有饲草料基地的羊场。

第二节　全舍饲羊舍配套设施

一、围栏设施

用木条、镀锌管等加工成栅板或栅栏，栏的两侧或四角装有可连接的挂钩、插销或铰链，配置部分带拖地板并可插入地层的角钢支柱，便可进行羊的多种不同管理与操作。

（一）母仔栏

母仔栏为产羔专用栏。在规模化养羊场的产羔期，为了便于对产后母羊的管理和羔羊的护理，提高产羔成活率，常使用母仔栏。围栏高 1 m、长 1.5 m、宽 1.2 m，使用时可在羊舍靠墙处围成 1.2 m×1.5 m 的母仔栏，供 1 只带羔母羊使用，为产羔母羊及羔羊提供一个安静且不受其他羊干扰的环境。

（二）羔羊补饲栏

羔羊补饲栏专用于羔羊补饲，可用多个栅栏或网栏在羊舍或补饲场靠墙或围栏围成面积适宜的围栏。设置的栅门仅羔羊能自由出入，以使羔羊自由采食粗饲料和补饲精料，且又可跟随母羊哺乳。

（三）断奶羔羊饲养栏

断奶羔羊饲养栏是专门用于断奶羔羊饲喂的移动式羔羊栏（图 5-1），为便于管理羔羊实施断奶而专门设计的羊栏。该饲养栏使用方便，且可降低羔羊发生传染疾病的概率。

（四）分群栏

规模化羊场进行鉴定、分群、防疫注射和称重等操作时，常需要将羊分群。利用分群栏可减轻劳动强度，提高工作效率。分群栏

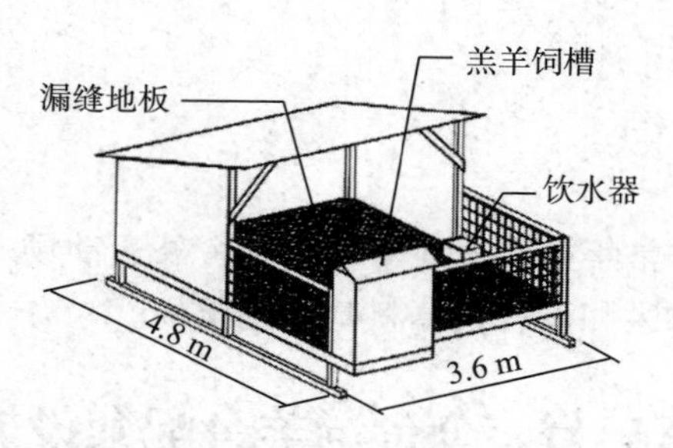

图 5-1　移动式断奶羔羊饲养栏

可建成坚固的或用栅栏临时隔成，要求坚固、结实。分群栏设喇叭形入口，比羊体稍宽的狭长通道，羊只能在通道内单向行进。通道的两侧可根据需要设置若干个羊圈，栏门只能单向开关，即只能进或只能出，通过控制活动门的开关决定每只羊的去向（图 5-2）。

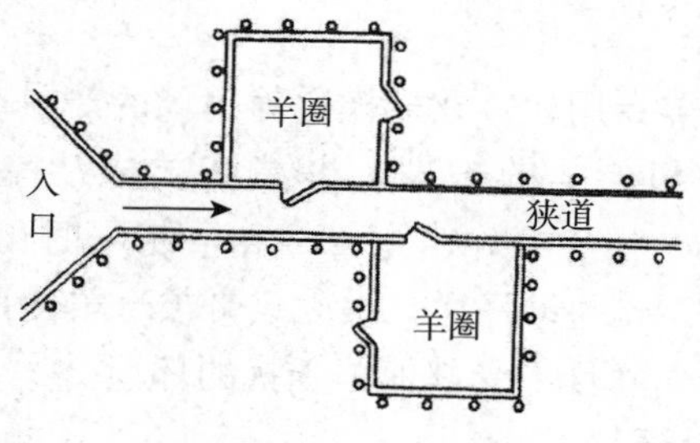

图 5-2　分群栏示意图

二、饲喂设备

饲槽主要用于饲喂精料、颗粒饲料、青贮饲料等。依据建造用途，分为固定式、移动式和悬挂式等类型。

（一）固定式饲槽

一般在双列头对头式羊舍、运动场饲喂通道或补饲通道两侧，在单列式羊舍在饲喂通道靠近围栏侧用砖石、水泥砌成的固定式饲槽。饲槽一般上宽下窄，槽底呈弧形，无死角。其规格一般为上宽

50 cm，深 20～25 cm，槽高 30～40 cm。饲槽长度以保证整个羊群同时采食为宜，每只羊的采食栏位宽度按表 3-1 中所列出不同生理阶段羊的参数计算。为防止羊进入槽内，饲槽上部宜安装栏杆。羊爱清洁，喜食干净饲草。为满足羊采食习性，笔者于 2014 年对羊饲槽进行了改造（图 5-3 与图 5-4），并申请了专利。这不仅可避免羊践踏草料，而且减少了饲草料浪费，减轻了劳动强度，降低了饲养成本。该饲槽特别适合小型家庭养殖场。

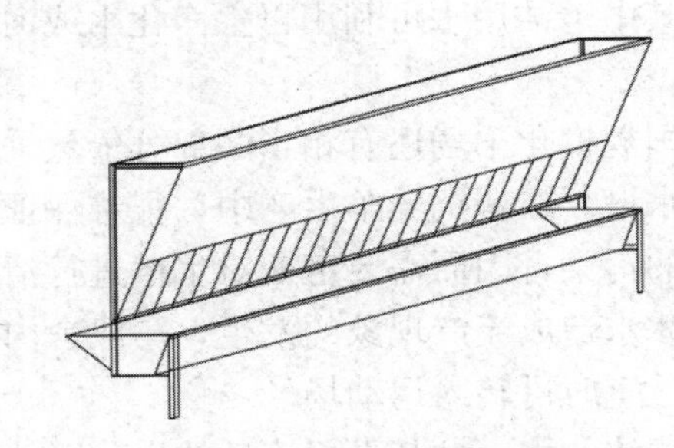

图 5-3　改造后的羊饲槽

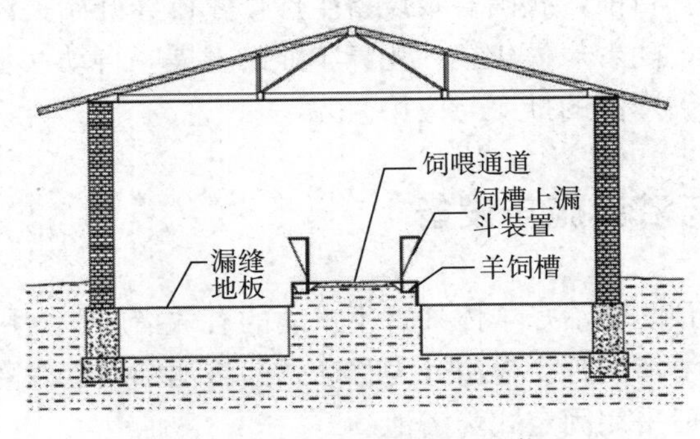

图 5-4　羊舍内饲槽安装示意图

（二）饲草架

饲草架一般用钢筋、镀锌管或木条制成，形式多种多样，有靠墙设置的固定单面饲草架，也有在运动场中央设置的双面饲草架。饲草架长度依据表 3-1 中羊占位参数进行考虑。

三、饮水设备

规模化养羊场都须配备完整的供水系统，如取水设备、贮水设备、供水管网和饮水设备等。与其他畜牧养殖场一样，羊场用水分为饮用水和清洁用水两部分。为节省投资，两部分用水的供水系统可共用一套管网系统。但对水源缺乏地区，饮用水和清洁用水可分两套系统供给，其中清洁用水可利用再生净化水或河流、池塘以及其他一些水源。

目前，在我国规模化羊场还有相当一部分依然采用砖、水泥或铁板等制作的饮水槽。在舍饲养羊生产中，很难保证水槽不受羊粪尿和饲料残留物的污染，因而需要定期对水槽进行清洁；同时为避免妊娠母羊因饮冰水造成流产现象的发生，一般舍内水槽供天气寒冷时使用，气温适宜时可转入运动场。

由于羊喜饮清洁的水，尤其喜好流动的水，因此采用自动饮水器比较理想。目前，我国畜牧设备生产厂家已经开始关注羊专用饮水器的生产，随着规模化集约化养羊业的发展，自动饮水器将在养羊生产中得到广泛的推广与应用。

四、药浴设施与设备

药浴是预防和治疗羊体外寄生虫病的有效措施。常用的药浴方法有池浴和淋浴两种。池浴分为移动式药浴池和固定式药浴池，规模化羊场一般采用固定式药浴池。

近年来，一些较大规模羊场采用淋浴、喷雾等机械化、半机械化药浴方式。其优点是机械药浴不仅效率高、耗药量小、成本低、劳动强度小，而且防病效果好、安全性好。

（一）药浴池

一般采用水泥、砖、石等材料砌成长方形（图 5-5、图 5-6）。长 10～12 m，池上部宽 60～70 cm，池底宽 40～50 cm，以羊能通过、不能掉头为准，深 1.0～1.2 m，入口处设喇叭形围栏，使羊单向排序进入药浴池。药浴池入口呈陡坡，便于羊走入时迅速滑入池中；出口呈缓坡，设置台阶，以便羊走出浴池，并可使羊体上余存的药液回流到池中。

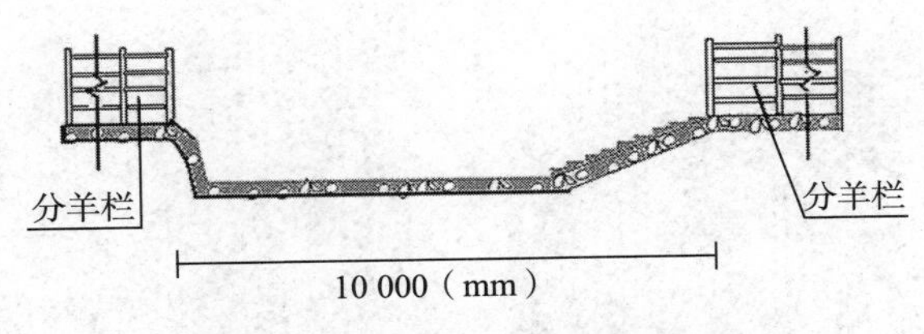

图 5-5 药浴池纵剖面示意图

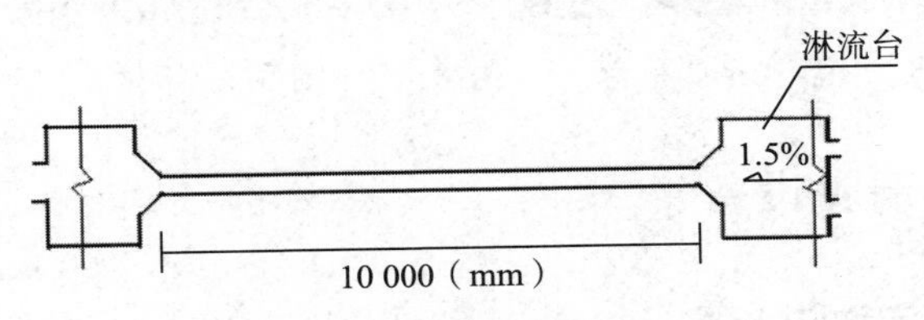

图 5-6 药浴池平面示意图

（二）淋浴式药浴装置

淋浴式药浴装置为一个直径 8～10 m、高 1.5～1.7 m 的圆形淋浴场，由入口小、后端大的待浴羊栏、滤淋栏、进水池和过滤池等几部分组成。其主要优点是不用人工抓羊，节省劳力，可降低劳动强度，提高工作效率，避免羊的伤亡；缺点是建筑费用高。

五、挤奶设备

几种比较常见类型的挤奶设备见图 5-7 至图 5-9。现代规模化奶山羊养殖场以鱼骨式挤奶台和转盘式挤奶平台为首选，具有性能稳定、真空罐储量大、操作简单等优

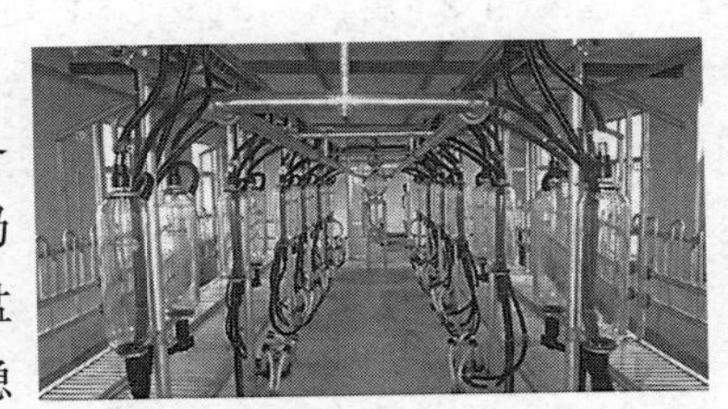

图 5-7 鱼骨式挤奶台

点。根据国家标准技术要求设计制造的真空移动式挤奶机，配有进口脉动器，挤奶柔和，不伤乳头，具有噪声小、结构简单、操作灵活方便、工作平稳、挤奶效率高等特点，适用于养殖户或家庭牧场。

图 5-8　转盘式挤奶平台

图 5-9　手推式挤奶设备

六、清粪设备

（一）自动冲水器

自动冲水器是水冲清粪方式中常用的自动冲水设备，根据其结构，常用的有自动翻水斗和虹吸自动冲水器两种。每天冲洗次数靠调节水龙头的流量来控制。

1. 自动翻水斗

自动翻水斗是一种利用水箱自动倾翻时形成的瞬时水流冲力冲走粪便的自动冲水器，结构简单，工作可靠，冲力大，效果好。工作原理：当供水管不断向盛水翻斗注水，随着盛水翻斗内水面上升，重心不断偏移，到达一定高度时，盛水翻斗自动翻转，将全部水倒入粪沟，粪沟中的粪便在水的冲力作用下被冲至舍外的总排粪沟。翻水斗内的水倒出后，其重心偏移，在自身重力作用下自动复位。

2. 虹吸自动冲水器

虹吸自动冲水器是一种利用虹吸现象使水箱中的水迅速冲向粪沟的自动冲水器。常用的虹吸自动冲水器有 U 形管式和盘管式两种。

U形管式虹吸自动冲水器主要由虹吸帽、虹吸管组成。其原理类似于冲水马桶，水箱通常做成圆形的水池，其底部面积根据水箱容积和虹吸帽的高度确定。其具有结构简单、没有运动部件、工作可靠、耐用、排水迅速、冲力大、自动化程度及管理方便等特点。

盘管式虹吸自动冲水器主要由虹吸管、膜片和虹吸盘等组成。与U形管式虹吸自动冲水器一样，其水箱也通常做成圆形的水池，底面积根据水箱容积及虹吸管高度确定。其特点是结构较为简单，运动部件不多，工作可靠。

（二）清粪铲车

清粪铲车主要由清粪铲、粪铲臂、升降机构和调节架等组成（图5-10），也可根据其原理自制，安装在手扶拖拉机的前面。

图5-10　清粪铲车

图5-11　往复式刮板清粪机

（三）刮板清粪机

适用于羊舍的刮板清粪机主要有环形链式刮板清粪机、往复式刮板清粪机（图5-11）等。

1. 环形链式刮板清粪机

环形链式刮板清粪机由链条、刮板、驱动装置、导向轮和张紧装置等部分组成。后半部分形成倾斜，可将粪便输送到舍外的运输车辆上。其可用于头对头式双列羊舍中。

工作时，驱动装置带动链节在环形粪沟内做单向运动，装在链节上的刮粪板便将粪便带到运输车辆上。

粪便具有很强的腐蚀性，为了防腐，环形链式刮板清粪机的链条和刮粪板一般用不锈钢制造。粪沟断面形状要与刮粪板尺寸相适应。刮粪板能自由地上下倾斜，以使刮粪板底面能紧贴在粪沟底部，确保良好的清粪效果。

2. 往复式刮板清粪机

往复式刮板清粪机由带刮粪板的滑架（两侧面和底面都装有滚轮的小滑车）、传动装置、张紧装置和钢丝绳等构成，见图 5-23。

刮粪板和滑架一般用不锈钢制造。各滑架的刮粪板间距为 3～5 m，滑架的往复行程要大于刮板间距。

依据羊舍布置情况，刮粪机的平面布置分为双列式和单列式两种。

（四）输送带式清粪机

输送带式清粪机适用于高床式羊舍，主要由减速电机、传动装置、滚轮、刮粪板和输送带等组成。

输送带安装在漏缝地板下粪便池底部，同时完成盛粪和清粪。电机启动后，传动装置带动输送带移至羊舍一端的集粪区，再由清粪铲车装入清粪运输车中，送至场区粪便处理区，完成清粪工作。

第三节　羊饲料加工设施设备

羊的饲养设备包括饲料的装运、运输和饲喂设备。羊的饲粮是由多种类型的饲料组成，所以喂饲设备的类型较多，喂饲过程也比较复杂。常用的喂饲形式有：①采用全混合日粮，即用青贮饲料、干草和配合饲料调制成混合饲料；②采用精饲料与粗饲料分开饲喂，在舍内饲槽或运动场补饲栏内，供羊自由采食。

随着科技的进步，养羊的设备逐渐实现了机械化、数字化和自动化；规模化养羊对羊的饲养设备要求更高。设施设备主要包括精饲料加工机械、干草和秸秆加工机械、青贮设施与机械、全混合日粮搅拌喂料车等。

一、饲料饲草收割和加工机械

（一）收割机械

秸秆和牧草的收割机械可依据实际需要进行选型，如进行青贮可选择联合收割机将收获、铡切和装车等作业一次完成，然后由车辆运至青贮窖。也可选用单一的收割机，将秸秆和牧草收割后运至青贮窖，再进行铡切、入窖。如将鲜牧草晒制成干草，可选用与拖拉机配套的割草机、搂草机、压捆机和垛草机等。

1. 青贮收获机

青贮饲料联合收获机，按其结构分为直接切碎式、直流式和通用式三种（图 5-12、图 5-13）。

直接切碎式青贮收获机结构简单，通过一个旋转的切割器完成收割、切碎、输送工作。适用于收割青绿牧草、燕麦、甜菜茎叶等，不适用于青贮玉米等高秆作物。

直流式青贮收获机具有较宽的收割台和运输带，可将收割下的青饲料直接喂给滚刀式切割器，具有直径可调节的拨禾轮，生产效率高，适应性广。

通用式青贮收获机由收割、切碎和输送组成，其收割部分可配换三种割台：①全幅割台（收割牧草和平播的饲料作物）；②中耕作物割台（收获青饲玉米）；③捡拾器（捡拾割后稍凋萎的青贮饲料和集成草条的牧草）。切碎部分相当于一台铡草机，切碎的饲草由抛送机抛入拖车。通用式青饲收获机适应性广。

图 5-12 青贮收获机

图 5-13 作业中的青贮收获机

2. 玉米收获机

专门用于收获玉米，一次性可完成摘穗、剥皮、果穗收集、茎叶切碎装车、青贮等多项工作。

3. 割草机

收割牧草的专用设备，分为往复式割草机和螺旋式割草机两种，无论哪一种都应具备以下条件：切割器尽量贴近地面，割茬高度应低于 5 cm。切割器应有安全保护装置，在遇到障碍物时，能迅速升高或偏转，起到保护作用。切割器要锋利，并具有一定切割速度，一般往复式割草机切割速度为 2.58 m/s，螺旋式割草机的切割速度平均为 65～95 m/s。割下来的牧草应连续均匀地铺放，尽量减少机器碾压、翻动。

4. 割草压扁机

割草压扁机是一种较先进的割草机械，集收割、茎秆压扁和搂草等功能于一体。

5. 搂草机

搂草机分为横向和侧向搂草机。横向搂草机结构简单、易操作，但搂成的草条不整齐，陈草多，损失较大。侧向搂草机较横向搂草机复杂，但搂成的草条整齐，损失小并能与捡拾作业配套。

6. 压捆机

压捆机是将散乱的秸秆或牧草压成捆，便于运输、贮存。根据作业方式，可将压捆机分为固定式压捆机和捡拾压捆机两类。根据压成的草捆形状，可将压捆机分为方捆压捆机和圆捆卷式压捆机（图 5-14、图 5-15）。

图 5-14　捡拾方捆压捆机

图 5-15　捡拾圆捆压捆机

一般压捆机压成捆后，秸秆或牧草密度因采用打捆材料的不同而不同（表5-1）。

表5-1　秸秆或牧草压捆后密度指标

［引自《方草捆打捆机》（GB/T 25423—2010）］

序号	项目			指标
1	成捆率（%）		捆绳打捆 钢丝打捆	≥98
2	草捆密度（kg/m³）	绳打捆	豆科牧草	≥150
			禾本科牧草	≥130
			稻、麦秸秆	≥100
		钢丝打捆	豆科牧草	≥250
			禾本科牧草	≥230
			稻、麦秸秆	≥150
3	吨草能耗［(kW·h)/t］	绳捆草	禾本科牧草喂入量>2.5 kg/次	≤0.77
		钢丝捆草		≤0.93
4	规则草捆率（%）			≥95
5	牧草总损失率（%）		禾本科牧草	≤2
			豆科牧草	≤3
6	草捆抗摔率（%）			≥90
7	捆扎材料消耗量（草捆截面360 mm×460 mm，kg/t）	聚丙烯捆材（SPPK—320）	豆科牧草	≤0.84
			禾本科牧草	≤0.97
			稻、麦秸秆	≤1.15
		钢丝捆材（TD—1.8）	豆科牧草	≤2.1
			禾本科牧草	≤2.5
			稻、麦秸秆	≤3.7

（二）加工机械

1. 铡草机

铡草机主要用于牧草、秸秆类和青贮饲料等粗饲料的切断铡短。按其机型大小，分为大型、中型、小型三种机型；按其切碎形式，则分为滚筒式和圆盘式两种，小型以滚筒式为多，大中型一般多为圆盘式；按喂入方式不同，分为人工喂入式、半自动喂入式和自动喂入式；按切碎处理方式不同，分为自落式、风送式和抛送式三种。用户可依据需要进行机型选择，以下为选择时的注意事项。

①切铡段长度可调整范围为 3～100 mm。

②通用性能好，可以切铡各种作物茎秆、牧草和青饲料。

③能把粗硬的茎秆压碎，切茬平整无斜茬，喂料出料效率高。

④切铡时发动机负荷均匀，能量比耗小，当用风机输送切碎的饲料时，其生产率要略高于切碎器的最大生产率，抛送高度对于青贮塔不小于 10 m，对于其他青贮设施可任意调整。

⑤结构简单，使用可靠，调整和磨刀方便。

2. 揉搓机

揉搓机是 1989 年问世的一种粗饲料加工机械，是介于铡切与粉碎两种加工方法之间的一种新方法。其工作原理是将秸秆送入料槽，在锤片及空气流的作用下，进入揉搓室，受到锤片、定刀、斜齿板及抛送叶片的综合作用，把物料切断，揉搓成丝状，经出料口送出机外。

3. 粉碎机

粉碎机类型有锤片式、劲锤式、爪式和对辊式四种。

（1）锤片式粉碎机　是一种利用高速旋转的锤片击碎饲料的机器，生产率高，适应性广，既能粉碎谷物类精饲料，又能粉碎含纤维、水分较多的青草类、秸秆类饲料，粉碎粒度好。

（2）劲锤式粉碎机　与锤片式类似，不同之处在于它的锤片不是用销连接在转盘上，而是固定安装在转盘上，因此其粉碎能力更强。

（3）爪式粉碎机　是利用固定在转子上的齿爪将饲料击碎。这种粉碎机结构紧凑、体积小、重量轻，适合于粉碎含纤维较少的精饲料。

（4）对辊式粉碎机　是由一对回转方向相反，转速不等的带有刀盘的齿辊进行粉碎，主要用于粉碎油料作物的饼粕等。

4. 制粒设备

依据动物日粮配方，将粗饲料如秸秆、牧草等粉碎后，与精饲料、添加剂按比例混合均匀后制成全价颗粒饲料。整套设备包括粉碎机、附加物添加装置、搅拌机、蒸汽锅炉、压粒机、冷却装置、碎粒去除和筛粉装置。制粒机有平模压粒和环模压粒两种类型。

5. 牧草加工机组

以优质牧草（如苜蓿等）生产草粉，制成颗粒、复合制粒或块状饲料。成套设备包括高温干燥机、粉碎机、制粒设备和压块设备等。

二、青（黄）贮设施与机械

（一）青（黄）贮构筑物类型

青（黄）贮构筑物用来收存青饲料、黄贮氨化饲料并进行发酵贮存。常见的青（黄）贮构筑物有地上式、半地下式、地下式青贮窖或青贮塔 4 种（图 5-16）。国内多采用前三种，主要原因是投资少，填装青贮料比较方便，但值得注意的是几乎大部分规模化养殖场在青（黄）贮构筑物建设时未能与养殖日总采食量一起考虑，致使青（黄）贮池每天的取用量达不到防止二次污染的要求，造成青（黄）贮饲料浪费较大，同时影响到畜禽健康。青贮塔投资大，占地少，填装设备比较复杂，但青贮饲料的损失少。

a　b

c

d

图 5-16　地上式、半地下式、地下式青贮窖以及大型青贮塔

a. 地上式　b. 半地下式　c. 地下式　d. 青贮塔

（二）袋装青贮填装（包裹）机

袋装青贮填装（包裹）机是通过对传统青贮饲料生产加工工艺创新发展起来的一项实用性粗饲料加工贮存技术。在发达国家已得到广泛推广应用，目前国内也得到部分推广示范。袋装青贮填装（包裹）机是一种可移动式粗饲料青贮或混合青贮深加工复合作业机具（图 5-17），主要用于牧草、饲料作物和农副产品的揉搓切碎、压实、装袋（包裹），从而使物料在密封的塑料青贮袋（包裹）中通过乳酸菌发酵，或通过其他生物化学方法达到保存营养甚至提高营养价值的目的。与其他青贮机械比较，该机械的最大特点是将揉搓机、切碎机和填装机或包裹机组合在一起，减少了专用运输设备，生产操作方便灵活。装袋青贮填装（包裹）机加工生产青贮饲料具有以下优点：①设备投资少，不需要修建青贮窖（池）、青贮塔；②便于生产全混日粮，取用方便，可减轻饲养人员劳动强度；③生产灵活性强，便于运输，为粗饲料商品化创造了条件。

图 5-17　青贮打包机与裹包青贮堆放

三、全混合日粮（TMR）设备

（一）TMR 搅拌喂料车

全混合日粮（TMR）搅拌喂料车，主要由自动抓取、自动称量、粉碎、搅拌、卸料和传输装置等组成。有卧式全自动自走车型和立式全自动自走车型，可自动抓取青贮、自动抓取草捆、自动抓取精饲料及酒糟等，减少人工，简便而精准地配制饲料并饲喂，提高羊日粮转化率，改善羊肉和羊乳质量。

由于TMR饲喂方式在提高羊生产性能、改善羊乳品质、降低营养代谢疾病、节约饲养成本等方面具有明显的优势，随着羊规模化养殖速度的不断加快，国内羊TMR饲喂方式也开始逐步推广应用。

（二）TMR搅拌机的分类

TMR搅拌机种类很多，形式各异，有自走式、牵引式和固定式等多种，但按混合仓的结构形式划分，基本上可分为卧式和立式两大类。由于两类机型各有所长，生产实践表明，无论哪种搅拌形式，采用何种混合方式，只要能保证加工出纤维蓬松、长度适宜、营养成分均匀的日粮，且具有良好稳定的经济性能，都是值得推广的搅拌机。

（三）卧式TMR搅拌机

卧式TMR搅拌机的混合部件一般由两根或三根水平平行布置的绞龙构成，（图5-18、图5-19）。搅拌混合时，通过旋转的绞龙和安装在其上的刀片实现对物料的剪切、揉搓、挤压、对流等机械作用，将粗饲料柔细，干湿不同、颗粒大小及比重各异的物料充分搅拌均匀。其特点是时间短，但绞龙在旋转推动和挤压过程中对物料有压缩的趋势，故比较适合物料差异较大、较松散、含水率相对较低的物料混合。卧式TMR混合搅拌设备外形通常宽、窄、高适宜，通过性好，便于装料；缺点是在切割处理大草捆时不如立式TMR搅拌机速度快，且绞龙易磨损。

图5-18 卧式TMR搅拌车

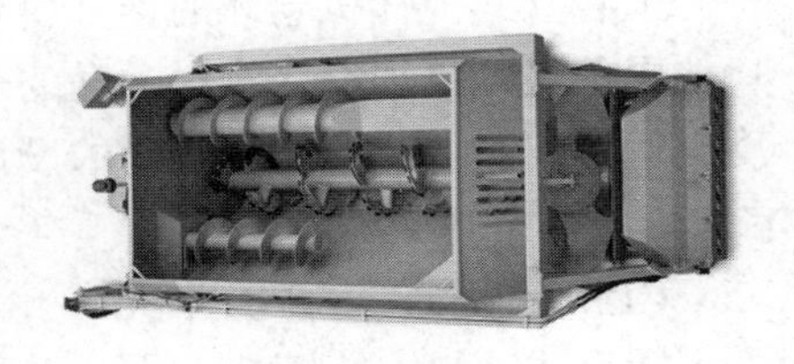

图5-19 卧式TMR搅拌车内部结构

随着卧式搅拌机技术的不断创新，一些厂家将连续式螺旋绞龙改为断续式结构，在加强局部搅拌能力的同时降低了对物料的挤压。另外，卧式双绞龙的设计，也使卧式搅拌机处理大草捆的能力有所增强。

（四）立式 TMR 搅拌机

立式 TMR 搅拌机的混合部件一般由 1～3 个垂直布置的立式螺旋结构组成。搅拌混合时，通过剧烈旋转的垂直螺旋绞龙将物料提升到仓体顶部位置，然后物料在重力的作用下向外迸溅到料仓底部（图 5-20、图 5-21）。由于立式搅拌机充分利用重力作用协助搅拌工作，其工作原理决定了混合饲料比卧式搅拌机要蓬松，动力消耗也相对较低。其另外一个优点是绞龙直径大，可以获得较高的切割速度，能够迅速打开并切碎大型草捆，在欧美国家应用比较广泛。立式搅拌机过分依赖重力参与混合的工作原理也使得其混合物料时间相对较长，仓体物料不足的情况下不易混合均匀，相对密度差异较大的物料容易发生分离。比较适合含水率相对较高、黏附性好的物料混合。

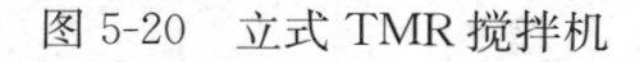

图 5-20　立式 TMR 搅拌机

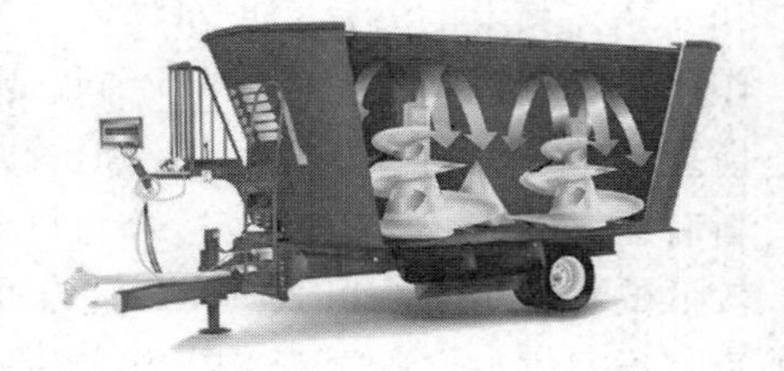

图 5-21　立式 TMR 搅拌机内部结构

随着立式搅拌机仓体的推陈出新，物料混合仓体的开关与排料口位置的设计更加符合物料运动的规律，使动力消耗更低，混合速度更快。同时，绞龙高度可调的设计，给用户进行饲养规模的调整带来了极大便利。

（五）固定式 TMR 搅拌机

固定式 TMR 搅拌机（图 5-22、图 5-23）适用于受养殖场道路、饲喂通道及饲槽等限制，无法实现 TMR 搅拌机直接投放日粮的养殖场。特点是能耗成本低；噪声小，废气排放少；结构较简单，故障率较低，维护保养简便；劳动强度较低，劳动效率较高。但因物料搬运、人工、辅助设备费用较高，管理难等问题，一般多被养殖规模小的家庭牧场所使用。

图 5-22　卧式固定 TMR 搅拌机

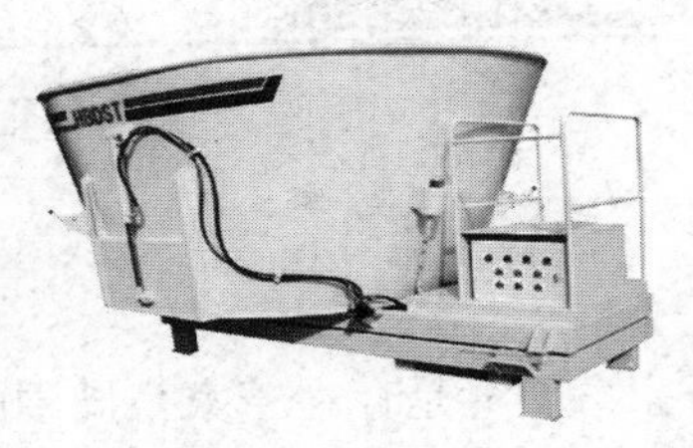

图 5-23　立式固定 TMR 搅拌机

四、除杂设备

各类谷物、粗饲料在进行粉碎前须除去杂物。饲料中混入的铁钉、螺丝等各种金属物需通过磁选设备剔除。如不清除，这些金属物随原料进入高速运转的机器中，将会严重损坏机器部件，甚至造成人身伤亡事故；若混入饲料成品中，则会影响到羊的健康与安全。国内外的饲料加工厂和羊场多采用永磁式磁选器，可分为溜管式永磁除铁器、筒式永磁除铁器和滚筒式永磁除铁器三种。

溜管式永磁除铁器具有结构简单、装置灵活，占地面积小等优点。缺点是被吸住的杂物易被物料流卷走，饲料的流动速度不能过快，应避免较大振动。

筒式永磁除铁器为固定式磁选器，磁性部件固定不动，结构简单，不需驱动，吸附的铁质杂物需人工定期清除。

滚筒式永磁除铁器为旋转式磁选器，包括旋转外筒和固定磁芯两部分。该装置的外筒旋转，需进行驱动，吸附的铁质杂物可自动清除。

第六章 环境调控

家畜环境是存在于家畜周围的可直接或间接影响家畜的自然与社会因素之总体。其每一个因素又称为环境因素，分为舍内小环境和舍外大环境两个方面。

第一节　羊舍环境因素对羊生产性能的影响

一、热环境

（一）热环境对羊繁殖性能的影响

高温对公羊影响较大。在高温环境下饲养的公羊，其精液品质要比温度适中条件下饲养的差，精液量降低，活力下降，活精子减少，精子浓度显著下降，畸形数上升。受高温影响的公羊，交配时若精液质量未恢复，易导致失配或受胎率下降。

温度对母羊的繁殖也有直接的影响。繁殖母羊最适温度为10～15℃，生产中较为可行的温度范围为7～14℃。如果温度变化过大，会造成热应激或冷应激，影响母羊的性行为、排出卵子的数量和质量，以及胚胎的生存，引起母羊一系列的生理反应。在受精卵着床期的热应激很容易引起胚胎死亡。在妊娠后期的热应激可以使山羊子宫血液减少，胎盘重量减轻，胎儿生长迟缓。冷应激则通过影响机体甲状腺、肾上腺的功能，而使生殖系统活动减弱或停止，表现为不发情或不排卵。

（二）热环境对羊生长育肥的影响

羊的生产性能只有在适宜的温度条件下才能得到充分发挥，此时饲料利用率和抗病力都较高。温度过高或过低都会使产肉水平下降。以肉羊育肥为例，肉羊饲养的最适温度因品种、年龄、生理阶段及饲料供应条件而不同。一般细毛羊的最适温度为14～22 ℃，抓膘气温为8～22 ℃，掉膘的高温临界值在25 ℃以上，掉膘的低温临界值在−5 ℃以下；而粗毛肉羊的最适温度为14～22 ℃，抓膘气温为8～24 ℃，掉膘的高温临界值在30 ℃以上，掉膘的低温临界值在−15 ℃以下。因此，肉羊育肥效益与热环境密切相关。

（三）热环境对羊饮食的影响

高温和低温都会影响羊的采食量。一般低温可以使羊的采食量增加，但饲料消化率下降；高温正好相反，使采食量减少，但饲料消化率有所提高。

饮水量与气温也有明显的关系。高温条件下，羊的蒸发散热加强，需水量增加，饮水量上升。

二、湿度

（一）湿度对羊生产性能的影响

羊怕潮湿，高湿不利于羊体热调节。高温、高湿条件下，羊的蒸发散热困难，体温持续上升，热应激加剧。低温、高湿条件下，羊的皮毛导热性提高，冷感增加，冷应激加剧。冷、热应激的发生，会导致羊的生产增重和饲料利用率下降。

（二）湿度对羊健康的影响

高温、高湿的环境，容易导致各种病原性真菌、细菌和寄生虫的繁殖，羊易患腐蹄病和内外寄生虫病。此外，饲料、垫料也容易腐败，从而引起羊的各种消化道疾病。环境温度适中时，羊对环境湿度的适应范围相对较宽，但相对湿度一般不宜超过70%。绵羊忌高温、高湿，而山羊忌低温、高湿。一般情况下，干燥环境对羊的健康较为有利。

三、气流与气压

（一）气流对羊热调节的影响

气流主要影响羊的对流散热和蒸发散热。在适温和中温情况下，增加风速，有利于散热，降低羊体温度。但低温时，提高风速会使冷应激加剧，刺激羊的产热量显著增加。如：-3 ℃低温中，被毛 39 mm 厚的绵羊，当风速从 0.3 m/s 增加到 4.3 m/s 时，体温可升高 0.8 ℃。但在剪毛之后，长时间处于低温、高风速中，如果营养跟不上，又可引起体温下降。

（二）气流对羊生产的影响

在高温条件下，提高风速可以减少采食量下降，减轻对羊生产性能的不利影响。

（三）气流对羊健康的影响

气流对羊健康的影响主要出现在寒冷环境中，一是舍饲时的贼风，二是放牧时的寒风，易引起关节炎、神经炎、肌肉炎等，严重时引起冻伤。

（四）气压对羊的影响

气压对羊的影响主要表现在高海拔地区。在 2 000～3 000 m 及以上的高海拔地区，气压低，缺氧，羊会出现“高山病”。病羊表现为皮肤、口腔、鼻腔、耳部等黏膜血管扩张，甚至破裂出血，机体疲乏，精神萎靡，呼吸和心跳加快，多汗等。慢性高山病还有右心室肥大、扩张，胸下部水肿，肺动脉高血压等症状。

四、有害气体、尘埃和微生物

（一）舍内有害气体对羊生产性能的影响

羊舍内的主要有害气体有 NH_3、H_2S、CO_2、恶臭物质等。在有害气体环境条件下，极易引起羊呼吸系统疾病，如感冒、咳嗽、哮喘、气管炎、肺炎、肺水肿等。羊长期处于低浓度有害气体环境中，也会出现采食量降低，消化率下降，抗病力和生产力下降。在高浓度有害气体环境下，还会引发羊中毒甚至死亡。

（二）尘埃（微粒）对羊的影响

羊舍中的微粒主要为夹带着粪末、饲料末及毛屑、皮屑等的有机微粒，有的微粒能吸附氨、硫化氢以及细菌、病毒等有害物质。微粒的最大危害是可以侵入羊的呼吸道，进入肺泡，引起尘肺病。有害物质则从肺部侵入血液，造成中毒等更严重的各种疾病。

（三）微生物对羊的影响

羊舍中微生物往往较舍外多，其中病原微生物可经空气将疾病传染给羊，如链球菌病、结核病、支原体肺炎、口蹄疫等，主要是通过附着在飞沫和尘埃上进行传播。

五、光照

（一）光照度

光照度对羊的生长育肥和繁殖均存在影响。适当的光照度下，可以使肉羊的增重和饲料转化率相应提高。光照度过高或过低都不利于羊的生长。在适宜的光照度下，母羊的发情率和排卵率会提高。

（二）光照时间

羊是短日照动物，其发情、排卵、配种、产仔、换毛等都受光周期变化的影响。如在人工短日照条件下，公羊睾丸肥大，产生大量精子；母羊恢复发情、排卵。相反，在人工长日照条件下，公羊睾丸萎缩，精子形成停止；母羊发情周期消失。因此，可以利用人工光照处理，改变羊的自然繁殖季节。羊毛的生长也有季节性变化，同样可以通过人工控制光照来提高羊毛产量。

六、噪声

（一）噪声对羊生产性能的影响

噪声对羊的生产性能有明显影响。据研究，75～100 dB 的噪声可以使绵羊日平均增重和饲料利用率下降，喷气式飞机的噪声可使山羊的产奶量下降。但另一方面，噪声还可以刺激母羊排卵，提高双羔率。

（二）噪声对羊生理机能的影响

噪声可以使羊心跳加快，呼吸频率加快，烦躁不安，神经紧张；还可以使其发生消化系统紊乱，肠黏膜出血等。

（三）噪声对羊内分泌的影响

噪声可以引起羊的内分泌系统紊乱。据研究，绵羊在 90 dB 噪声环境下，甲状腺功能下降；在 4 000 Hz、100 dB 噪声下，黄体素增多，排卵率增加。

第二节　羊舍对环境的要求

针对环境因素的影响，研究人员结合长期研究的成果和实践经验，提出了一般条件下对羊舍建筑设计的环境参数。

一、对温度、湿度和通风的要求

有关羊舍温度、湿度和通风的要求参见表 6-1。

表 6-1　羊舍温湿度和通风量参数

畜舍	温度（℃）	相对湿度（%）	换气量[m^3/(h·头)]			气流速度（m/s）		
			冬季	过渡季	夏季	冬季	过渡季	夏季
公羊舍、母羊舍、断奶后及去势后小羊舍	5（3～6）	75（50～85）	15	25	45	0.5	0.5	0.8
产间暖棚	15（12～16）	70（50～85）	15	30	50	0.2	0.3	0.5
公羊舍内的采精间	15（13～17）	75（50～85）	15	25	45	0.5	0.5	0.8

二、对空气环境卫生的要求

羊舍空气环境卫生主要涉及有害气体、微生物和尘埃（微粒）

的含量及噪声等因素。相对而言，羊对噪声强度和尘埃含量的要求比较宽松，具体环境卫生要求可参见表6-2。

表6-2　羊舍空气环境卫生参数

畜舍	微生物允许含量（个/m^3）	有害气体允许浓度		
		CO_2（%）	NH_3（mg/m^3）	H_2S（mg/m^3）
公羊舍、母羊舍、断奶后及去势后小羊舍	$<7\times10^4$	0.3	34	4
产间暖棚	$<5\times10^4$	0.25	34	4
公羊舍内的采精间	$<7\times10^4$	0.3	34	4

三、对光照的要求

羊舍的采光包括自然采光和人工照明。自然采光系数为成羊舍1∶15～1∶25，羔羊舍1∶15～1∶20。各类羊舍的人工光照标准参数参见表6-3。

表6-3　羊舍人工光照参数

羊舍	光照时间（h）	光照度（lx）	
		荧光灯	白炽灯
母羊舍、公羊舍、断奶羔羊舍	8～10	75	30
育肥羊舍		50	20
产房及暖圈	16～18	100	50
剪毛站及公羊舍内调教场		200	150

第三节　羊舍环境控制

我国地域辽阔，气候类型多样，南方炎热、潮湿，北方寒冷、干燥。为使羊群拥有适宜的环境条件，提高生产效率，必须对羊舍环境加以改善和控制。

一、防寒保暖

由于羊是皮毛动物，比较耐寒，其防寒保暖主要针对寒冷地区的羔羊以及产房和采精间等重点部位。羊舍的保温和供暖主要通过建筑防寒设计、局部供暖及加强防寒管理等措施实现。

严寒地区，宜选择有窗式或封闭式羊舍，设计好羊舍朝向和门窗，防止冷风侵袭；铺设保温地面，减缓地面散热；成年羊舍可采用半敞开式，冬季搭设塑料棚保温。在寒冷季节，可在羔羊舍、产房、采精间使用火炉、电热器、热风炉、暖风机等进行局部供暖。

二、通风换气

通风换气对整个羊舍环境的控制具有重要作用：①在气温高的夏季通过加大气流促进羊体散热，可以缓解高温对羊的不良影响；②排除羊舍中的污浊空气、尘埃、微生物和有害气体，防止舍内潮湿，保障舍内空气质量。羊舍的通风换气主要采取自然通风和机械通风的方式。

（一）自然通风

自然通风是指依靠自然界的风压或热压，产生空气流动，通过羊舍外围护结构的空隙形成空气交换。自然通风包括风压通风和热压通风两种方式（图 6-1 和图 6-2），两者同时存在，但风压的作用大于热压。

根据自然通风原理，可以在羊舍门窗通风不足的情况下，增加地窗、天窗、通风屋脊及屋顶通风管、换气窗等辅助通风设施，促进羊舍通风换气。冬季，为防止冷风直接吹向羊体，应将进风口设于背风侧墙的上部，使气流先和舍上部的热空气混合后再下降。大跨度羊舍，应设置屋顶风管作排风口，风管上口设风帽，防止刮风时倒风或进雨雪。

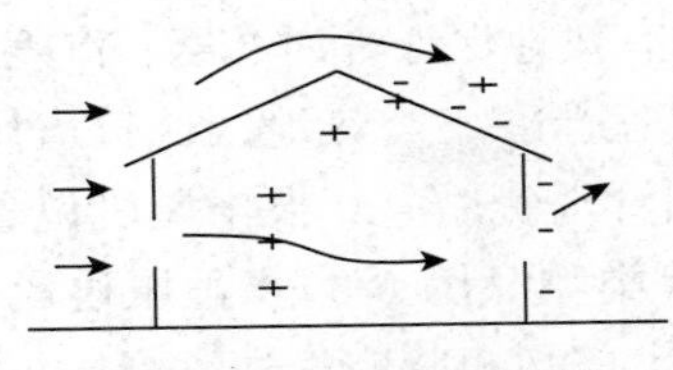
图 6-1　风压通风示意图

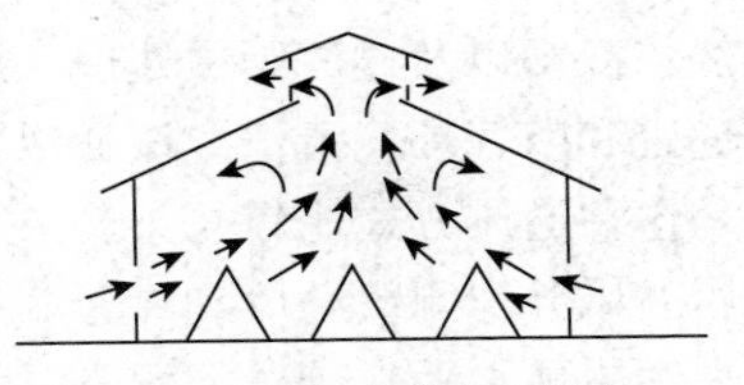
图 6-2　热压通风示意图

（二）机械通风

机械通风也称为强制通风，是依靠风机强制进行舍内外空气交换的通风方式，可依据不同的气候和需要设计理想的通风量和气流速度，特别适合对大型封闭式羊舍通风换气。

1. 风机的类型

羊舍通风主要采用轴流式风机，少数采用离心式风机。

（1）轴流式风机　所吸入空气和送出空气的流向与风机叶片轴的方向平行。其特点是：叶片旋转方向可以逆转，旋转方向改变，气流方向随之改变，而通风量不减少；通风时所形成的压力，一般比离心式风机低，但输送的空气量却比离心式风机大。既可以用于送风，也可以用于排风。轴流式风机压力小，噪声较低，节能明显，风机之间的气流分布也较均匀。

（2）离心式风机　这种风机运转时，气流靠带叶片的工作轮转动时所形成的离心力驱动。空气进入风机时和叶片轴平行，离开风机时变成垂直方向。这个特点使其可自然地适应通风管道 90°的转弯。离心风机不具逆转性、压力较强，多在集中输送暖风和冷风时使用。

在选择风机时，既要满足通风量的要求，也要求风机的全压符合要求，这样才能取得良好的通风效果。

2. 机械通风方式

按舍内气压变化分类，机械通风可分为正压通风、负压通风、联合式通风三种。

（1）正压通风（进气式通风或送风）　是指通过风机将舍外新鲜空气强制送入舍内，使舍内气压增高，舍内污浊空气经风口或风管自然排出的换气方式。正压通风的优点在于可对进入的空气进行加热、冷却以及过滤等预处理，从而有效地保证舍内温度、湿度状况适宜和空气环境清洁。该通风方式在严寒、炎热地区比较适用。但是这种通风方式比较复杂、造价和管理费用高。根据风机位置，正压通风分为侧壁送风和屋顶送风等类型（图 6-3）。正压通风一般采用屋顶水平管道送风系统，由离心式风机将空气送入管道，风经通风孔流入舍内。

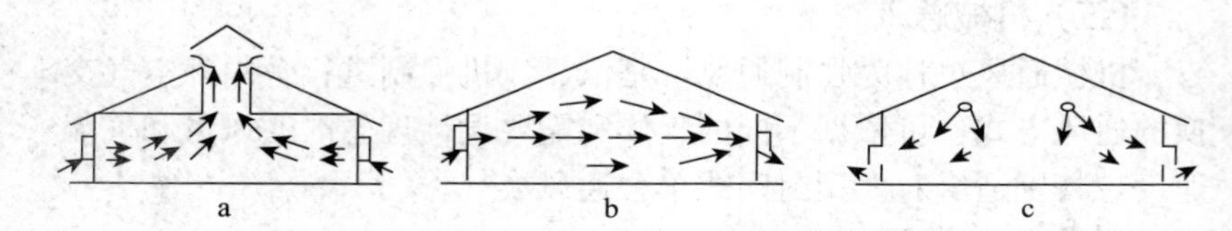

图 6-3　正压通风示意图

a. 两侧壁送风　b. 单侧壁送风　c. 屋顶送风

（2）负压通风（排气式通风或排风）　是指通过风机抽出舍内空气，造成舍内空气气压小于舍外，舍外空气通过进气口或进气管流入舍内。负压通风相对简单，投资少、管理费用较低。根据风机安装位置，负压通风可分为单侧排风、两侧排风、屋顶排风、横向负压通风和纵向负压通风（图 6-4 至图 6-6）。

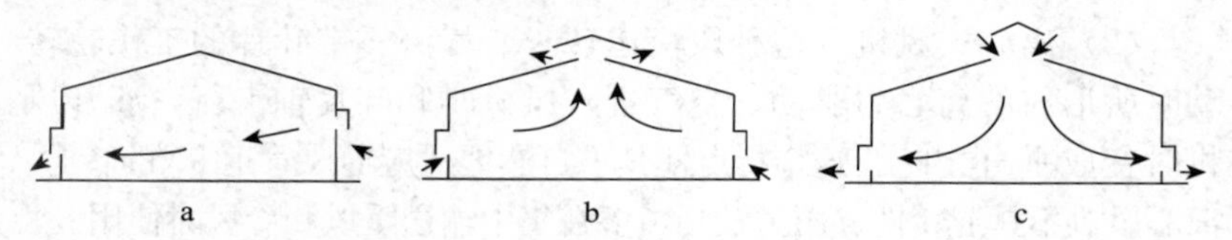

图 6-4　负压通风示意图

a. 单侧排风　b. 屋顶排风　c. 双侧排风

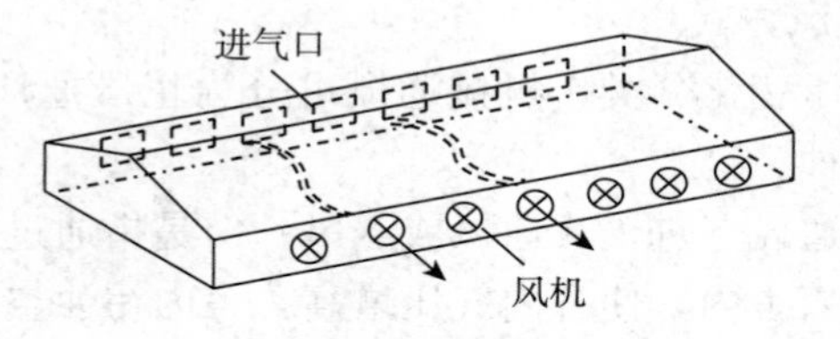

图 6-5　横向通风示意图

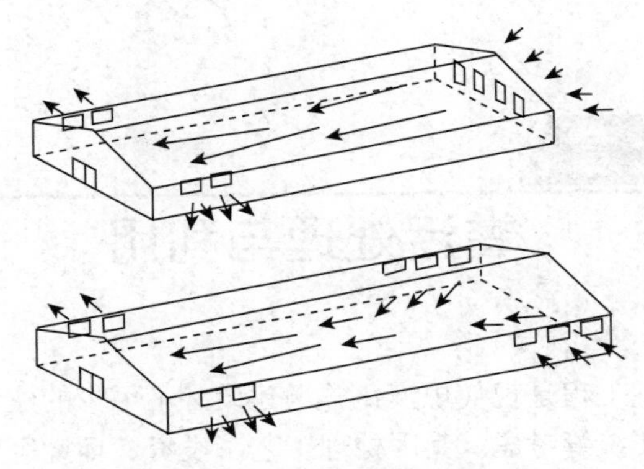

图 6-6　纵向通风示意图

(3) 联合式通风（混合式通风）　是一种同时采用机械送风和机械排风的方式，因可保持舍内外压差接近于零，故又称为等压通风。该通风系统尤其适合大型封闭羊舍。联合式通风系统风机安置，分为进气口设在下部和进气口设在上部两种形式。但由于需要风机数量多，设备投资大，应用尚不广泛。

机械通风除按舍内气压变化分类外，还可以按舍内气流的流动方向来分类，如横向通风（如图 6-5）、纵向通风（如图 6-6）、斜向通风、垂直通风等。斜向通风和垂直通风是指采用墙上固定的风扇和顶棚上的吊扇，风直接吹向羊体，加快羊体散热。

三、采光

羊舍的光照来源，分为自然光照和人工照明。自然光照的强度和时间随季节和天气的变化而变化，难以控制。只能在羊舍建筑设计时通过合理设计采光窗的位置、形状、数量和面积，尽量利用自然光照。

为了补充自然光照时数和照度的不足，羊舍应有人工照明设备，封闭式羊舍尤其需要设置人工照明。一般以白炽灯和荧光灯作光源。具体照明布置可根据羊舍人工光照标准参数（表 6-3）推算，光照制度根据羊群的不同要求制订。

第七章 粪污处理与利用

粪污处理工程是现代规模化羊场建设必不可少的建设内容，从建场伊始就要统筹考虑。其因处理工艺、投资、环境等要求的不同而差异较大，实际工作中应根据环境要求、投资额度、地理与气候条件等因素进行工艺设计。

第一节　羊场粪污的处理规划

一、粪污处理设计原则

遵循“资源化、减量化、无害化、生态化”的原则，使羊场粪污得到有效的多层次循环利用，做到资源化、产业化、效益化。标准化、规模化羊场，对粪污的处理和利用是一个系统工程，在羊场的规划设计阶段应综合考虑、系统治理、规划防控、综合利用。

（一）减量化

羊场粪污处理设计应遵循减量化原则，在生产过程中减少稀缺或不可再生资源等生产物质的投入量，在处理及排放的过程中减少污染物的产生，避免产生二次污染。

（二）无害化

选用先进工艺技术，所有污水、粪便必须采用封闭式的处理工艺，无毒无味运行，经过一段时间的无害化处理，去除污水中的化学需氧量（CODcr）约 80%，病原杀死率 96%以上，消除蚊蝇滋生条件和寄生虫生长的寄生体。

(三) 资源化

粪污经过发酵或堆沤处理、加工后产生沼气、液肥或固肥。沼气可作为清洁能源，用于锅炉燃料或发电，也可以供沼气厂区周边居民集中供气，作为炊事用气；液肥中富含溶解氮、磷、钾的黄腐酸，浓缩后可制成植物叶面有机喷施肥；固肥可作为果树、蔬菜的有机肥或深加工成固体有机复合肥。

(四) 生态化

粪污选用先进工艺处理后，生产清洁能源（沼气）或有机肥料，形成“养殖—能源（沼气）—肥料—种植—养殖”生态循环模式。整个工程是一个可持续发展的生态环保能源工程，形成生态与经济良性循环发展。

二、粪污处理设计要求

1. 粪污处理设施建设应符合环境保护规划、环境保护法和当地相关政策法规的要求，须经地方有关部门审批。

2. 选址应考虑最大限度地减少对环境的影响和危害。远离农村饮用水水源保护区，以及风景名胜区、自然保护区。

3. 根据粪污产生量，结合当地实际情况、周边环境及农田消纳能力等确定规模。

4. 应充分考虑雨污分离，净道与污道分离，以及粪污堆放、场区绿化等问题。

三、粪污处理量的估算

粪污处理工程除了满足对每天羊粪便排泄量的处理外，还需满足全场污水排放量的处理，因此，在羊场规划设计阶段应统一考虑。参考与城镇居民污水排放量和用水量一致的计算方法。羊日产粪污量参数见表 7-1。

表 7-1 羊日产粪污量参数

畜禽种类	日产粪便量（kg）	尿液量（kg）	用水量（kg）	鲜粪干物质含量
羊	2	0.66	3.3	35%

四、粪污处理工程规划内容

粪污处理是现代化、标准化、规模化羊场建设必不可少的重要部分，从羊场规划设计阶段就需统筹考虑。粪污处理设施因处理工艺、投资、环境要求的不同而差异较大，因此，在实际工作中应根据环境要求、投资规模、地理与气候条件等因素先进行工艺比选，合理确定工艺技术方案。

（一）规划内容

①粪污收集（清粪方式）；②粪污运输（暗沟、管道或车辆）；③粪污处理场址及平面布局；④粪污处理设备选型与配套；⑤粪污处理构筑物（池、塘、井等）。

（二）规划原则

①粪肥原料化；②避免对周围环境造成污染及二次污染；③周围农田消纳程度。

五、合理布局

（一）符合国家政策法规

粪污处理工程建设须符合环境保护规划、《中华人民共和国环境保护法》和当地相关政策法规的要求，经地方有关部门审批。

（二）选址合理、布局科学

选址应考虑最大限度地减少对环境的影响和危害。远离农村饮用水水源保护区，以及风景名胜区、自然保护区。

（三）适度规模

依据当地实际情况、周边环境以及农田消纳能力等，确定养殖规模。

（四）场区设计

充分考虑雨污分离，净道与污道分离，以及粪污堆放、场区绿化等问题。

第二节　羊场清粪工艺

规模化养羊以漏缝地板应用较为广泛，尤其是在南方。漏缝地板能有效地将羊的粪便从地板缝隙中漏到下方承接粪便的地面，可采用刮粪板清粪或水冲清粪，劳动强度相对较小，劳动效率高，从而保证羊舍的清洁和卫生。但清粪需要注意冬季的保温、防潮。目前，主要采用的清粪工艺有即时清粪工艺和集中清粪工艺。

一、即时清粪工艺

及时清粪即每天进行清扫、收集羊粪工作，分人工清粪和羊床下机械清粪。

（一）人工清粪

人工清粪是一种传统的清粪方式，先由人工清粪，再由推粪车运至舍外的处理场进行处理。人工清粪只需用一些清扫工具、人力或机动清粪车，设备简单，可节约用水，减少污水排放。其特点是投资少、工作量大。

（二）机械清粪

机械清粪是采用刮粪板将粪便集中到羊舍的一端，用粪车运走，易实现机械化管理，但设备投资较大。其优点是劳动强度相对较小，工作效率高。

二、集中清粪工艺

集中清粪工艺分为高床集中清粪和垫料集中清粪。

（一）高床集中清粪

设高位羊床，羊床为漏缝地板，床下建 50～100 cm 深的粪池，羊粪便在池内堆积发酵。此法便于机械清粪，但投资较大。

（二）垫料集中清粪

羊床铺有垫料，让粪便与垫料自然混合发酵，当达到一定高度时，集中清粪。此法投资少，节省人力，但舍内空气质量较差，对羊肉品质有一定影响，需做好通风工作，冬季还需考虑保温的问题。北方寒冷地区多采用这种模式。

三、不同清粪工艺比较

（一）人工清粪与垫料集中清粪

适用于规模小、有运动场的羊场清粪。优点是基础设施建设投资较少；缺点是需及时清粪及添加垫料，用工较多，每人只能管理 100 只左右的母羊。

（二）即时刮粪板清粪

适用于规模化养羊。优点是羊与粪便不直接接触，用工较少，每人可管理 300 只母羊；缺点是需增加建设成本，如漏缝地板、粪槽和刮粪设备等设备投资，约 160 元/m^3；并需增加一定的维护、运营成本。

（三）高床集中清粪

适用于规模化养羊。优点是节省劳力，维护费用低，无运营成本；缺点是需增加建设成本，增设羊床与粪便池等，约 160 元/m^3。

羊场不同清粪工艺比较结果见表 7-2。

表 7-2　羊场不同清粪工艺比较

清粪工艺	耗电	耗工	维护费用	投资	舍内空气质量
即时清粪（人工）	少	多	低	低	好
即时清粪（机械）	多	中	高	高	好

（续）

清粪工艺	耗电	耗工	维护费用	投资	舍内空气质量
集中清粪（垫料）	少	中	低	低	差
集中清粪（高床）	少	少	低	高	良

第三节　羊场粪污资源化利用的方法

羊场粪污资源化利用主要包括肥料化、能源化等处理方法。

一、肥料化处理

（一）堆肥技术

堆肥是畜禽粪便无害化处理和营养化处理较为简便和有效的方式。其处理易操作，设备简单，运行费用低，管理方便。在堆制过程中，由于有机物的好氧分解，堆内温度持续升高，直到腐熟，可杀灭大部分微生物、寄生虫卵和杂草种子，不易滋生害虫和杂草、产生恶臭及传播病原，对农作物无伤害。腐熟后施用方便，肥力均匀，肥效持续时间较长。

根据微生物发酵特点，堆肥处理分为好氧堆肥和厌氧堆肥两种方式。在现代化的堆肥处理工艺中，基本上都是好氧堆肥，因此，本文重点介绍好氧堆肥。

（二）好氧堆肥的原理

充分供氧有利于好氧微生物繁殖，粪便中可溶性物质可透过微生物细胞壁和细胞膜被其吸收；不溶的胶体物质首先被吸附在微生物体表面，依靠微生物分泌的胞外酶分解为可溶物质，再渗入微生物体内。好氧微生物通过自身的生命代谢活动进行分解、合成代谢，一部分被吸收的有机物氧化成简单的无机物，释放出生命或所需的能量；另一部分有机物转化合成新的细胞物质，使微生物生长繁殖，产生大量的微生物。好氧堆肥有机物分解过程见图 7-1。

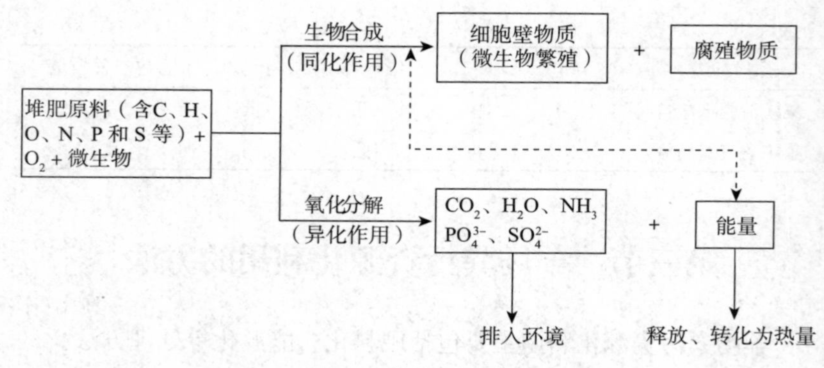

图 7-1　堆肥原理流程

以下为好氧堆肥过程的三个阶段。

1. 升温阶段（30～40℃，1～3d）　在堆肥初期，适合中温生长的好氧细菌和真菌，将易分解的可溶性物质（淀粉、糖类）分解，产生二氧化碳（CO_2）和水（H_2O），同时产生大量热量，温度上升。

2. 高温阶段（45～65℃，3～8d）　随着堆肥温度的升高，适宜高温生长的嗜热菌开始活跃，将肥料中残留或新形成的可溶性有机物继续分解转换，一些复杂的有机物也开始被分解。通常把升温阶段到高温阶段这个时期称为主发酵期，一般需要 10～20 d。

3. 降温和腐熟阶段（20～30d）　经高温阶段的主发酵过程，大部分易分解的有机物（纤维素）得到分解，剩下的是木质素等难分解的有机质及形成的腐殖质。这时，微生物活动减弱，产热量减少，温度逐渐下降，嗜温及中温性微生物成为优势菌种，残余物进一步分解，腐殖质继续积累，堆肥进入腐熟阶段。这段时间为 20～30 d。

（三）堆肥发酵条件

1. 原料及合适的碳氮比（C/N）

好氧菌生长需要一定的碳元素和氮元素，碳氮比为（20～25）：1较为适宜。常见的农业废弃物原料碳氮比见表 7-3，羊粪便的碳氮比约 29：1。所以，羊场粪污堆肥时，需要添加适当的猪粪便或其他辅料调节碳氮比。

表 7-3　农村常用厌氧发酵原料的碳氮比

原料种类	碳素含量（%）	氮素含量（%）	碳氮比
干麦秸	46	0.53	87∶1
干稻草	42	0.63	67∶1
玉米秸	40	0.75	53∶1
树叶	41	1.00	41∶1
大豆秧	41	1.30	32∶1
花生秧	11	0.59	19∶1
野草	11	0.54	26∶1
鲜羊粪便	16	0.55	29∶1
鲜牛粪便	7.3	0.29	25∶1
鲜猪粪便	7.8	0.60	13∶1
鲜人粪便	2.5	0.65	2.9∶1
鲜马粪便	10	0.24	24∶1

2. 水分

一般情况下，堆肥中水分保持在45%～60%为宜。辅料不同，对含水量的要求也不同。含水量过高，通入的氧气无法完全扩散到堆肥中，好氧菌生命活力受到抑制，有机物分解受影响；温度过低，影响堆肥过程中好氧菌的生命活动，降低堆肥效率。此外，堆肥中由于温度较高会损耗一定量的水分，应不断进行补给。

3. 通风

通风是影响堆肥的重要因素之一。通风量不足，会抑制细菌繁殖，使局部甚至衍生厌氧菌，延长堆肥周期；通风量过大，容易造成热量损失，还会带走大量水分和氮元素，降低肥料肥效。通风过程主要通过调节堆肥物质（如适当添加粗料比例，增大空隙）和人工通气（如插入通气管或翻抛）来控制。

4. 温度

适合羊粪堆肥的温度为45～60 ℃，大部分好氧微生物在30～40 ℃时活动性最好，嗜热性微生物在65 ℃时活动性最强，分解有机质最快。堆肥温度过低则不能达到杀死病虫卵、无害化处理要求，且抑制嗜热性微生物生长，降低堆肥效率；温度过高则会杀死有益菌，不利于堆肥。堆肥温度与微生物生长关系见表7-4。

表7-4 堆肥温度与微生物生长关系

温度	温度对微生物生长的影响	
	嗜温菌	嗜热菌
常温至38 ℃	激发态	不适用
38～45 ℃	抑制状态	开始生长
45～55 ℃	毁灭期	激发期
55～60 ℃	不适用	轻微抑制
60～70 ℃		明显抑制
＞70 ℃		毁灭期

5. 酸碱度

调节堆肥的酸碱度（pH）是堆肥技术的关键。一般来说，pH6～8较好，pH过低时一般通过添加2%～3%的石灰或草木灰进行调节。

(四) 堆肥产品质量和卫生要求

1. 堆肥产品质量

①含水率≤35%；②pH 6～8；③全氮≥0.5%；④全磷≥0.3%；⑤全钾≥1.0%；⑥有机质≥10%。

2. 卫生要求

①堆肥温度＞55 ℃持续5 d以上；②蛔虫卵死亡率＞95%。

(五) 堆肥设备选型

1. 翻抛机

翻抛机是一种基于动态堆肥而研发生产的机械设备。早期的堆肥工艺是静态堆肥，常常由于供氧不足而转化成厌氧发酵，产生大量硫化氢（H_2S）等气体，且有爆炸风险。为改善好氧发酵堆肥中的供氧环境和物料形状而开发出的堆料翻抛设备，称为翻抛机，也叫翻堆机。目前养殖场使用较多的是移动式翻抛机和槽式翻抛机。

（1）移动式翻抛机　采用四轮行走设计，由机架下挂装的旋转刀轴对堆体原料实施翻拌、蓬松、移堆，可自由前进、倒退或者转弯，只需一人操控驾驶，适用在开阔场地或者车间大棚中实施作业（图 7-2）。移动式翻抛机整体结构合理、受力平衡、结实、性能安全可靠、操控和维修保养简单方便。其最大的特色是整合了物料发酵后期的破碎功能，提高了粉碎的效率，降低了成本，尤其适合将微生物发酵物料生产成为上好的生物有机肥。

（2）槽式翻抛机　由传动装置、提升装置、行走装置、翻抛装置、移位车等主要部件组成（图 7-3）。发酵槽的两侧墙体上安装有翻抛机行走用的轨道。翻抛机的行走系统由行走电机提供动力，通过链传动带动行走轮在轨道上来回运动。在翻抛机前进的同时，工作部件上的刀片做旋转运动，将发酵床中的下层垫料向前上方抛掷至 0.7～1m 远的位置并破碎，在将垫料抛起的过程中使垫料与空气充分接触，同时可以调节垫料水分和温度，从而促进微生物发酵。控制柜集中控制，可实现手动或自动控制功能，限位行程开关起到安全和限位作用。

图 7-2　移动式翻抛机

图 7-3　槽式翻抛机

2. 筛分机

（1）振动筛分机　利用振子激振进行往复旋型振动，振子的上旋转重锤使筛面产生平面回旋振动，而下旋转重锤使筛面产生锥面回转振动，其联合作用的效果则使筛面产生复旋型振动。其振动轨迹是复杂的空间曲线，该曲线在水平面投影为圆形，而在垂直面上的投影为椭圆形。调节上、下旋转重锤的激振力，可以改变振幅；而调节上、下重锤的空间相位角，可以改变筛面运动轨迹的曲线形状并改变筛面上物料的运动轨迹（图 7-4）。

振动筛分机主要由筛箱、激振器、悬挂（或支承）装置及电动机等组成。电动机经三角皮带带动激振器主轴回转。由于激振器上不平衡重物的离心惯性力作用，筛箱获得振动。改变激振器偏心重，可获得不同振幅。

（2）滚筒筛分机　通过变速箱式减速系统对设备中心分离筒实行合理旋转。中心分离筒是由若干个圆环状扁钢圈组成的筛网。中心分离筒安装时与地平面呈倾斜状态，工作中物料从中心分离筒上端进入筒网，在分离筒旋转过程中，细物料自上而下通过圆环状扁钢组成的筛网间隔中得到分离，粗物料从分离筒下端排出进入粉碎机。设备中设有板式自动清筛机构，在分离过程中，通过清筛机构与筛体的相对运动，由清筛机构对筛体进行连续“梳理”，使筛体在整个工作过程中始终保持清洁，不会因筛孔堵塞而影响筛分效率（图 7-5）。

图 7-4　振动筛分机

图 7-5　滚筒筛分机

3. 烘干粉碎设备

（1）烘干机　有机肥烘干机可将高达70%～80%含水量的畜禽粪便一次直接烘干至含有13%的安全贮藏水分。整个过程在封闭系统内进行，可减少干燥过程中对环境的污染。设备主要由热源、上料机、进料机、回转滚筒、出料机、物料破碎装置、引风机、卸料器和配电柜构成；脱水后的湿物料加入干燥机后，在滚筒内均布的抄板器翻动下，物料在干燥机内均匀分散，与热空气充分接触，加快了干燥传热、传质。在干燥过程中，物料在带有倾斜度的抄板和热气质的作用下，至干燥机另一端卸料阀排出成品。

（2）粉碎机　羊场粪污由于湿度较大，肥料颗粒粉碎细化多采用半湿物料粉碎机。半湿物料粉碎机是专业粉碎高湿度、多纤维物质的专业粉碎设备，利用高速旋转刀片，粉碎纤维粒度好。半湿物料粉碎机采用双级转子上下两级粉碎，物料经过上级转子粉碎机粉碎成细小的颗粒，然后再输送到下级转子继续粉碎成细粉状达到最佳效果，最后从出料口直接卸出。

二、能源化处理

羊场粪污能源化利用技术即粪污在合适的条件下进行厌氧发酵产生沼气，沼气直接作为清洁燃料提供能源或发电提供电能。羊粪便厌氧发酵工艺流程见图7-6。

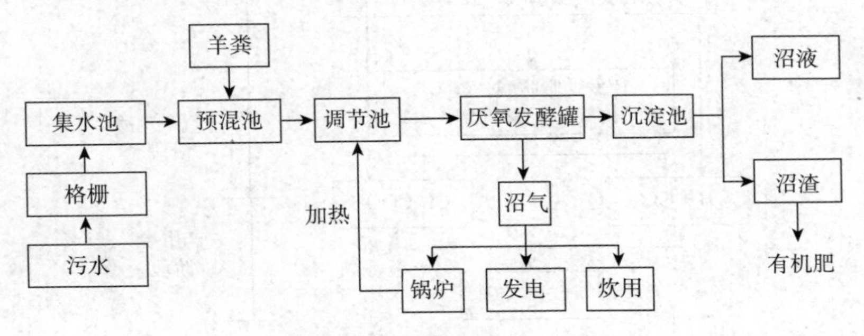

图7-6　羊粪便厌氧发酵工艺流程

（一）羊粪进行沼气发酵特点

1. 羊场排污以粪便为主，能够收集利用的尿液和冲洗水较少，所以发酵工艺多采用发酵浓度较高的完全混合式厌氧发酵或卧式推流式厌氧发酵等技术进行处理。

2. 羊粪便厌氧发酵周期较长、产气量大，沼气中甲烷（CH_4）含量高、硫化氢（H_2S）含量低。

3. 羊粪便中粗纤维含量较多，微生物分解纤维素、半纤维素较慢，发酵过程中羊粪便易在表层结壳、不易沉降。

（二）沼气发酵原理

沼气发酵，又称为厌氧消化，是指在厌氧条件下由多种沼气发酵微生物共同作用，将有机物进行分解并产生甲烷（CH_4）和二氧化碳（CO_2）的过程。

沼气发酵过程可分为水解发酵阶段、产氢产乙酸阶段和产甲烷阶段三个阶段（图 7-7）。理论认为产甲烷菌不能利用除乙酸、氢、二氧化碳和甲醇、甲酸等以外的有机酸和醇类，长链脂肪酸和醇类必须经过产氢产乙酸菌转化为乙酸、氢和二氧化碳等后，才能被产甲烷菌利用。

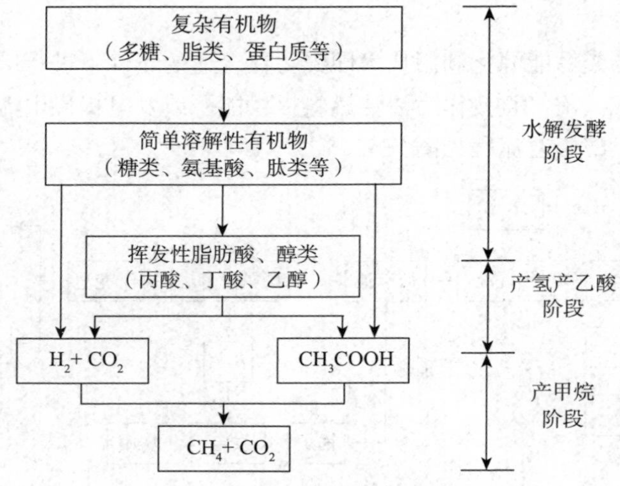

图 7-7　三阶段沼气发酵过程示意图

1. 水解发酵阶段

在水解发酵阶段，复杂的非溶解性有机物在厌氧菌胞外酶的作用下，首先被分解为简单的溶解性有机物，继而这些简单的有机物在产酸菌的作用下，经过厌氧发酵和氧化再转化成乙酸、丙酸、丁酸等脂肪酸和醇类。农业废弃物的主要化学成分为多糖、蛋白质和脂类。其中，多糖类物质又是发酵原料的主要成分，包括淀粉、纤维素、半纤维素等。这些复杂有机物大多数在水中不能溶解，必须首先被厌氧发酵菌所分泌的胞外酶水解为可溶性的糖、氨基酸、肽类后，才能被微生物所吸收。因此，水解发酵阶段的前半段被认为是厌氧发酵过程的限速阶段。影响水解的速度和水解程度的因素较多，如水解温度、发酵原料在反应器内的停留时间、发酵有机质组成、有机质颗粒大小、水解产物浓度等。胞外酶能否有效接触到底物对水解速度的影响很大，因此大颗粒比小颗粒底物降解要缓慢得多。对来自植物中的物料，其生物降解性取决于纤维素和半纤维素被木质素包裹的程度。纤维素和半纤维素是可以生物降解的，但木质素难以降解。当木质素包裹在纤维素和半纤维素表面时，酶难于接触纤维素与半纤维素，导致降解缓慢。

在水解发酵阶段的前半段，纤维素经水解主要转化成较简单的糖类；蛋白质转化成为较简单的氨基酸；脂类转化成为脂肪酸和甘油等。

在水解发酵阶段的后半段，水解生成的溶解性有机物被转化为以挥发性脂肪酸为主的末端产物。该过程反应速率较快，其末端产物组成取决于厌氧发酵的条件、底物种类和参与的微生物种群。底物不同，末端产物就会存在很大的差别。比如：以糖类为底物，酸化产物主要有丁酸、乙酸、丙酸等，二氧化碳和氢则为酸化的附属产物；而以氨基酸为底物，酸化主要产物与以糖类为底物时基本相同，但不同的是，附属产物除了二氧化碳和氢外，还有氨气和硫化氢。若在反应过程中同时也存在产甲烷菌，那么其中的氢又能相当有效地被产甲烷菌利用。

2. 产氢产乙酸阶段

在水解发酵阶段，由于底物结构、性质的差别，经过反应之后末端产物是不同的。发酵酸化阶段已经有部分乙酸生成，但还会伴有其他物质，如丁酸、丙酸等。因此在产氢产乙酸阶段，产氢产乙酸菌将发酵酸化阶段中产生的两个碳以上的有机酸和醇进一步转化成乙酸、氢和二氧化碳。乙醇、丁酸和丙酸在形成乙酸的反应过程中要求反应器中的氢气分压较低，否则反应无法进行。如果不能及时将反应产生的氢有效利用或消耗，就会影响产乙酸反应的正常进行，甚至停止。产甲烷反应是消耗氢的反应，因此，高效的产甲烷反应对产乙酸反应有促进作用。

3. 产甲烷阶段

有机物厌氧发酵经过一系列反应后，最后一个反应阶段就是由产甲烷菌主导反应进行的产甲烷阶段。在这个阶段，严格专性厌氧的产甲烷细菌将乙酸、甲酸、甲醇和氢、二氧化碳等转化为甲烷和二氧化碳。大约72%的甲烷来自乙酸的分解，剩下的28%由二氧化碳和氢合成。

（三）沼气工程设计参数

①发酵料液浓度见表7-5；②发酵罐投料体积比90%；③发酵罐容积产气率0.8～1.2 m^3/（m^3·d）；④水力滞留期20～25 d；⑤发酵温度25～35 ℃；⑥发酵物pH 6.8～7.5；⑦物料适宜碳氮比（15～25）：1；⑧固液分离后沼渣中含水率70%；⑨热电联产发电机组沼电转化率1.5 kW·h/m^3。

表7-5 几种常见反应器发酵浓度（%）

发酵工艺	升流式厌氧消化器	完全混合式厌氧消化器	卧式推流式厌氧消化器
发酵浓度	6～8	6～12	8～15

（四）沼气发酵基本条件

沼气发酵过程是由多种微生物共同作用，由多层中间步骤组成的复杂过程。这一过程中起主导作用的是各种分解菌及产甲烷菌。它们对温度、pH、有机负荷、碳氮比、搅拌及其他各种因素都有一定的要求。沼气发酵工艺条件即在工艺上满足微生物的这些生活条件，使它们在合适的环境中生活，以达到发酵旺盛、产气量高的目的。沼气池发酵产气的好坏与发酵条件的控制密切相关。在发酵条件比较稳定的情况下，产气旺盛，否则产气不好。实践证明，往往由于某一条件没有控制好而引起整个产气过程运转失败。比如原料干物质浓度过高时，产酸量加大，酸大量积累而抑制产气。因此，控制好沼气发酵的工艺条件及影响因素是维持正常发酵产气的关键。

1. 发酵原料合适的碳氮比（C/N）

发酵原料的碳氮比，是指原料中有机碳素和氮素含量的比例关系。厌氧发酵适宜的碳氮比范围较宽，一般认为在厌氧发酵的启动阶段碳氮比不应大于30∶1，只要消化器内的碳氮比适宜，进料的碳氮比则可高些。因为厌氧细菌生长缓慢，同时老细胞又可作为氮素来源，所以，污泥在消化器内的滞留期越长，对投入氮素的需求越少。在实际应用中，原料的碳氮比以（20～30）∶1搭配较为适宜。

碳氮比较高的发酵原料如农作物秸秆，需要同含氮量较高的原料，如人畜粪便配合以降低原料的碳氮比，取得较佳的产气效果，特别是在第一次投料时，可以加快启动速度。在使用作物秸秆为主要发酵原料时，如果人畜粪便的数量不够，可添加适量的碳酸氢铵等氮肥，以补充氮素。

2. 适量的接种物

厌氧发酵产生甲烷的过程，是由多种沼气微生物参与完成的。因此，在沼气发酵启动过程中，加入足够的所需要的沼气微生物作为接种物（亦称菌种）是极为重要的。有没有接种物影响沼气发酵启动的成败，而接种物中的有效成分与活性直接关系发酵过程的速度。接种物中的有效成分是活的沼气微生物群体。不同来源的接种物，活性是不同的。因此，在选择接种物时，不但要有占投料量20％～30％的接种物，而且更应选择活性强的接种物。

沼气池初次启动时，厌氧微生物数量和种类都不够，应人工加入含有丰富沼气微生物的活性污泥作为接种物。在工业废水处理中，废水原料中基本不含沼气微生物，因此使用这类原料的沼气池启动时，如果没有接种物或接种物过少，投料后较长时间才能启动或根本就不能正常运转。针对这一情况，目前已有专供大中型沼气工程启动的高质量接种物出售。

一般畜禽粪便中含有一定量的沼气微生物，启动时如果不另添加接种物，若温度较高（料温＞20 ℃），经过一段时间也可以达到正常发酵，不过启动周期较长。农村沼气池启动时，若接种物足够多，投料后第 2 天就可正常用气。沼气池彻底换料时，应保留少部分底脚沉渣作为接种物，可使投入料的停滞期大大缩短，很快开始正常发酵产气。

城市下水污泥、湖泊及池塘底部的污泥、粪坑底部沉渣都含有大量沼气微生物，特别是屠宰场污泥、食品加工厂污泥，由于有机物含量多，适于沼气微生物的生长，因此是良好的接种物。大型沼气池投料时，由于需要量大，通常可用污水处理厂厌氧消化池里的活性污泥作接种物。在农村，来源较广、使用较方便的接种物是沼气池本身的污泥。

3. 严格的厌氧环境

沼气发酵过程中的产酸菌和产甲烷菌等微生物，都是厌氧性细菌，尤其是产甲烷菌为严格厌氧菌，对氧气特别敏感，不能在有氧环境中生存，因此，沼气工程要保证发酵容器不漏水、不漏气，保持密闭环境。沼气发酵需要在厌氧环境下进行，在沼气池刚建好投料使用时，料液和容器中都有氧气，此外，粪污处理运行中每天投入的新料液也有氧气，这些氧气不用人工去除，沼气池内存在的其他发酵菌能够自动将这些氧气消耗以保证甲烷菌的正常工作。

4. 适宜的发酵温度

温度是影响厌氧发酵的最主要因素之一。厌氧发酵微生物的代谢活动与温度有着密切的关系，在一定温度范围内，发酵原料的分解消化速度随温度的升高而提高，也就是产气量随温度升高而提高，但也不是越高越好。厌氧发酵微生物和其他微生物一样，有其适宜的温度范围，因而发酵温度也各有不同。

沼气发酵可在较为广泛的温度范围内进行，4～65 ℃都能产气。随着温度的升高，产气速度加快，但不是线性关系。通常沼气工程都会采用中温（32～42 ℃）或高温（50～55 ℃）发酵，因为在这两个温度范围内，甲烷菌的活性较高，易于获得较高甲烷产量，而在更低温（小于30 ℃）和更高温（大于60 ℃）条件下，甲烷菌活性较差，产气量也较低。

5. 合适的酸碱度（pH）

厌氧微生物的生长需要适宜的酸碱环境，产甲烷菌对环境pH的要求更为严格，pH的微小波动有可能导致微生物代谢活动的终止。在厌氧发酵初期由于产生大量有机酸，若控制不当容易造成局部酸化，延长发酵周期，进而破坏整个反应体系。因此，pH是厌氧消化过程的重要监测指标和控制参数。厌氧消化过程理想的pH为6.8～7.2。当pH低于6.3时，产甲烷菌的活性则受到抑制；pH为碱性时，发酵也会受到抑制。有研究报道，在以牛粪便为底物的中温厌氧发酵试验中，与进料pH为7.0相比，进料pH为7.6的产甲烷动力学常数增加了2.3倍。但是不同的细菌类型有其不同的pH最佳生长范围，如产甲烷菌的最佳pH为7.0，但是水解细菌和产酸细菌的适宜pH为5.5～6.5。

6. 适当的搅拌

搅拌也是影响厌氧发酵的重要因素，因为有机物的厌氧消化是依靠微生物的代谢活动来进行的，所以需要通过搅拌使微生物不断接触到新的食料进行消化，并使微生物与消化产物及时分离，从而提高消化效率，增加产气量、缩短反应周期。

搅拌的目的是使发酵原料均匀分布，增加微生物与原料的接触面，加快发酵速度。发酵液面经常处于活动状态，不利于液面结壳。经常搅拌回流沼气池内的发酵原料，不仅可以破除池内浮壳，而且能使原料与沼气微生物充分接触，促进沼气微生物的新陈代谢，使其迅速生长繁殖，加快发酵速度，提高产气量。

沼气工程常用的搅拌方法有机械搅拌、沼气回流搅拌和发酵液回流搅拌等三种（图7-8）。

（1）机械搅拌　在沼气池内安装机械搅拌装置，每1～2 d搅

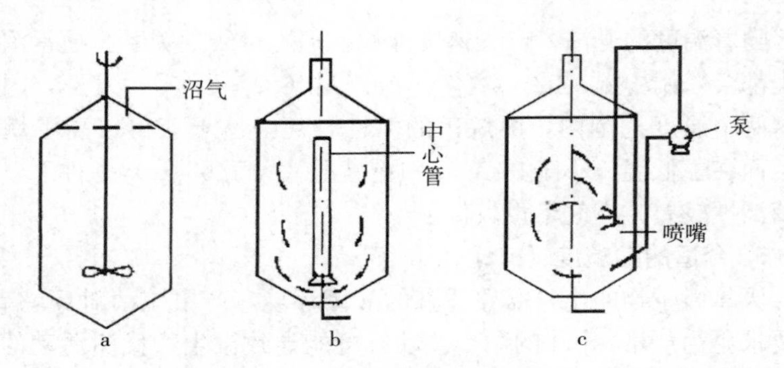

图 7-8　沼气发酵装置搅拌方法

a. 机械搅拌　b. 沼气回流搅拌　c. 发酵液回流搅拌

拌 1 次，每次 5～10 min，机械搅拌有利于沼气的释放。

（2）沼气回流搅拌　将沼气池内的沼气抽出来，通过输送管道从沼气池下部送进去，使池内产生较强的气体回流，达到搅拌的目的。

（3）发酵液回流搅拌　用抽渣器从沼气池的出料间将发酵液抽出，再通过进料管注入沼气池内，产生较强的料液回流以达到搅拌和菌种回流的目的。农村沼气工程常采用发酵液回流搅拌方式，其搅拌方法有 3 种：①通过手动回流搅拌装置，进行强制回流搅拌；②通过在出料池设置小型污泥泵，依靠电力将发酵料液回流进发酵间，进行强制搅拌；③采用生物能气动搅拌和旋动搅拌装置，利用产气和用气的动力，自动搅拌池内发酵原料。

（五）沼气发酵设备选型

羊场粪污沼气工程设备选型原则：考虑设备的安全性、操作性、经济性、环保性等各方面因素，选择成本价格低、操作简单、投资回报高、能耗低、维修费用低的设备产品；设备选型力求经济合理、满足工艺的要求，并配合土建构筑物形式的要求；潜水电机的防护等级（Ingress Protection，IP）不低于 IP 68，其他配套电机和就地控制箱防护等级不低于 IP 55；考虑到污水介质的特性，设备材料选用的原则是与介质接触部分采用耐腐蚀的不锈钢材料或铸铁、高强度塑料材料，其余材料可以是碳钢材料但必须做防腐处理。

羊场粪污沼气工程设备选型包括发酵罐、泵、格栅、搅拌设备、固液分离机、沼气储气设备、阻火器等。

1. 发酵罐

发酵罐类型按材料结构主要有钢筋混凝土发酵罐、钢结构厌氧发酵罐、搪瓷钢板拼装发酵罐和利浦罐（Lipp）。

（1）钢筋混凝土发酵罐　是利用钢筋的抗拉强度和混凝土的抗压强度的互补优势，通过现场浇筑，得到较好强度和防水性能的罐体。混凝土具有耐酸碱、耐高温等优良性能，能够很好地保护内部钢筋，使之免受腐蚀，因此结构具有很好的防腐性能。结构成型后，进行简单的防腐和防渗处理就可以满足工程需要，使用寿命长，可达 30 年。钢筋混凝土发酵罐投资较低，后期维护和运行管理费用较低，但设备回收利用价值低。

（2）钢结构厌氧发酵罐　是由碳钢板现场加工焊接而成的反应容器。焊接完毕后所有焊缝必须作煤油渗漏或探伤检查。对于易变形或与外界连接的管口以及角铁衔接等部位应采取加固或补强措施；钢结构发酵罐焊接成型后，应做内外壁的防腐处理和底部防渗处理，特别要注重对气液交界线上下 0.5 mm 处的防腐处理。钢结构厌氧发酵罐相对钢筋混凝土发酵罐而言，投资较大，且对施工工人技术要求高，但设备回收利用价值高。

（3）搪瓷钢板拼装制罐　是使用软性搪瓷或其他防腐预制钢板，以快速低耗的现场拼装使之成型的装置。搪瓷预制钢板外面的保护层不仅能阻止罐体腐蚀，而且具有抗酸碱的功能。拼装罐具有技术先进、性能优良、耐腐蚀性好、施工快捷、维修便利、外观美观、可拆迁等特点，使用寿命达 30 年。罐体的钢板采用螺栓连接方式拼装，连接处加特制密封材料，能够保证罐体的密封和防腐性能。

（4）利浦罐　也称为螺旋双折边咬口反应器，其技术工艺为利用金属加工时的可塑性，采用一台成型机和一台咬合机，在成型机上将薄钢板上部制成 ┏ 型，下部制成 ┗ 型，通过咬合机将薄钢板的上下部咬合在一起，形成螺旋上升的连续的咬合筋，而内部为平面的圆柱形罐体，其咬合面和螺旋成型示意图见图 7-9、图 7-10。

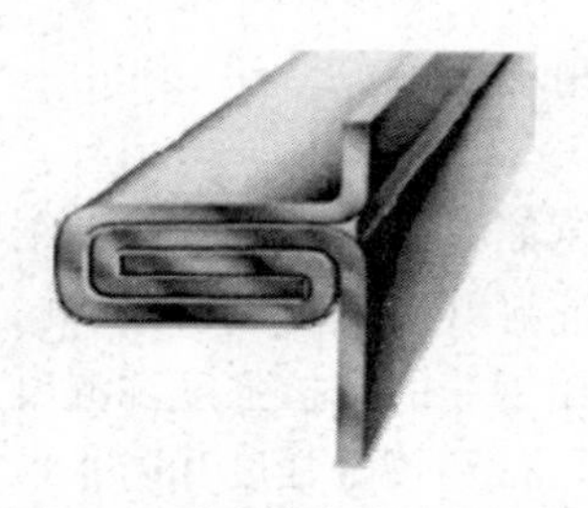

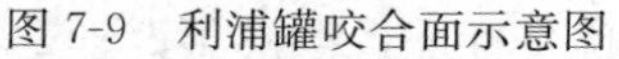

图 7-9　利浦罐咬合面示意图

图 7-10　利浦罐成型示意图

利浦技术对钢板采用机械化加工和自动化制作，所以具有施工周期短、造价较低、质量好等优点。但也存在一些缺点，比如：对钢板有特殊要求（要用镀锌卷板并裁成一定宽度的规格）；罐体在弯折和成型时，对表面镀锌层有一定的损伤，在一定程度上影响使用寿命；不可拆迁；立筋与筒体连接多采用点焊形式，连接处镀锌层破坏锈蚀，影响罐体寿命。

2. 泵

沼气工程中的进料泵，应根据进料料液总固体（TS）含量的不同，选择不同型号的水泵，一般情况下，低浓度采用潜污泵，高浓度采用螺杆泵。

（1）潜污泵　主要由无堵塞泵、潜水电机、机械密封和铰刀组成（图 7-11）。泵体通常采用大通道抗堵塞水力部件设计，能有效地通过直径 25～80 mm 的固体颗粒。在运行工作中，铰刀能将纤维状物质或小型块状杂质撕裂切断。潜污泵安装方便灵活，噪声小，缺点是输送含固率高的介质时易损坏，含固率高于 4%时不宜选用。潜污泵型号说明见图 7-12。

图 7-11　潜污泵

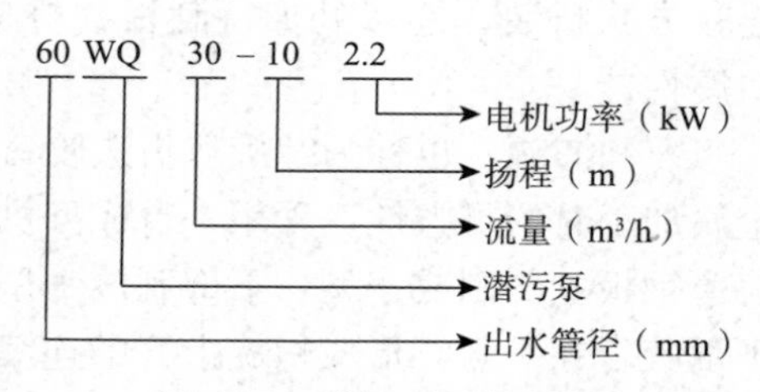

图 7-12　潜污泵型号说明

（2）螺杆泵　是一种螺杆式输运泵，按螺杆数量分为单螺杆泵（单根螺杆在泵体的内螺纹槽中啮合转动的泵）、双螺杆泵（由两个螺杆相互啮合输送液体的泵）及多螺杆泵（由多个螺杆相互啮合输送液体的泵）。目前，沼气工程中使用的螺杆泵多为单螺杆泵。螺杆泵属于容积式泵，主要工作部件由定子和转子组成，结构见图 7-13。其工作原理是当电动机带动泵轴转动时，螺杆一方面绕本身的轴线旋转，另一方面它又沿衬套内表面滚动，于是形成泵的密封腔室。螺杆每转一周，密封腔内的液体向前推进一个螺距，随着螺杆的连续转动，液体以螺旋形方式从一个密封腔压向另一个密封腔，最后挤出泵体。螺杆是等速旋转，所以液体流出的流量也是均匀的。螺杆泵具有运行压力大和流量范围广等特点，适用于浓度较高、黏度较大的料液。

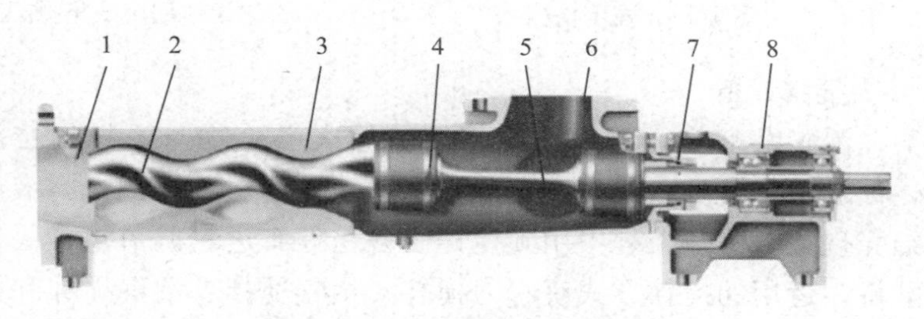

图 7-13　螺杆泵结构

1. 排出口　2. 转子　3. 定子　4. 万向节
5. 连轴杆　6. 吸入口　7. 传动轴　8. 直联支架

3. 格栅设备

在沼气工程中，沉砂池、集水井及泵前需设置格栅，以防堵塞水泵、输料管及其他设备。

（1）固定格栅　由一组平行的金属栅条或筛网组成。栅条间距一般为 15～30 mm，安置在污水渠道、场区污水收集井的进口处，用以截留较大的漂浮物，如粗纤维、碎皮、毛发、木屑及塑料制品等，以便减轻后续处理的负荷，保证泵体等设备正常运转

（图 7-14）。

（2）机械格栅　形式较多，在养殖场中使用较多的是回旋式格栅固液分离机（图 7-15）。回旋式格栅可连续自动清除污水中的杂质。该设备由电机减速机驱动，牵引不锈钢链条上设置的多排齿片和栅条，将漂浮物及杂质送上平台上方，然后齿片与栅条旋转齿合过程中自行将污物挤落。

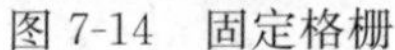

图 7-14　固定格栅

图 7-15　回旋式格栅机

4. 搅拌设备

在沼气发酵中，适当的搅拌能够增大微生物与原料的接触面，促进沼气发酵，提高产气率，防止池底固形物沉渣、料液产生结壳现象。沼气工程中用到搅拌设备之处有进料调节池和厌氧发酵罐。运用的搅拌方式有水力搅拌、蒸气搅拌、沼气搅拌和机械搅拌。运用的搅拌设备主要有潜水搅拌机、立式搅拌机和侧式搅拌机。

（1）潜水搅拌机　混合搅拌系列产品选用多极电机，采用直联式结构，由电机、叶轮、护罩、导轨和升降吊链组成。叶轮通过精铸或冲压成型，精度高，推力大，外形美观流畅，结构紧凑，能耗低，效率高。搅拌机型号说明见图 7-16，其外观形状见图 7-17。

潜水搅拌机在额定电压 380 V，频率为 50 Hz，绕组绝缘等级 F 级，防护等级 IP68 条件下的性能参数见表 7-6。

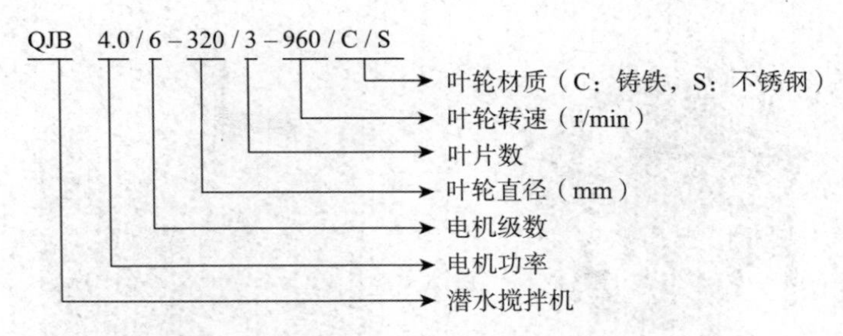

图 7-16 潜水搅拌机型号编号方法说明

表 7-6 潜水搅拌机性能参数

类型	型号	功率（kW）	电流（A）	叶轮直径（mm）	叶轮转速（r/min）	推力（N）
铸件式潜水搅拌机	QJB 0.85/8—260/3—740C	0.85	3.2	260	740	165
	QJB 1.5/6—260/3—980C	1.5	4	260	980	300
	QJB 2.2/8—320/3—740C	2.2	5.9	320	740	320
	QJB 4/6—320/3—960C	4	10.3	320	960	610
冲压式潜水搅拌机	QJB 1.5/8—400/3—740S	1.5	5.4	400	740	600
	QJB 2.5/8—400/3—740S	2.5	9	400	740	800
	QJB 4/6—400/3—980S	4	12	400	980	1 200
	QJB 4/12—620/3—480S	4	14	620	480	1 400
	QJB 5/12—620/3—480S	5	18.2	620	480	1 800
	QJB 7.5/12—620/3—480S	7.5	27	620	480	2 600
	QJB 10/12—620/3—480S	1.0×10^4	32	620	480	3 300
	QJB 15/12—620/3—480S	1.5×10^4	37.8	620	480	3 800

（2）立式搅拌机 由电机、支架、连轴器、搅拌轴和桨叶组成（图 7-18）。根据桨叶的不同，可分为框式搅拌器、折叶式搅拌器及推进式搅拌器。沼气工程中应用较为广泛的是推进式搅拌器。推进式搅拌器具有曲面轴流浆，能够推动高浓度的物料，耗用功率小，构造简单，运行可靠，无堵塞现象，维护简便。

图 7-17　潜水搅拌机

图 7-18　立式搅拌机

（3）侧式搅拌机　沼气工程厌氧发酵罐采用机械搅拌时，常选用侧式搅拌机（斜式搅拌机），侧式搅拌机主要由减速电机、传动轴和桨叶组成（图 7-19 和图 7-20）。其工作特点是利用外置的动力装置，通过传动轴带动罐内叶轮旋转，从而达到搅拌的目的。

图 7-19　侧式搅拌机电机

图 7-20　侧式搅拌机叶轮

5. 固液分离机

固液分离机广泛用于养殖场粪污的脱水处理，可以将各种禽畜粪便经过挤压脱水后，分成固态和液态。沼气工程中的固液分离机一般用在污水进入厌氧发酵反应之前或经过厌氧发酵反应之后。污水经过固液分离后进行厌氧发酵反应，可有效分离出污水中的干物质，减少污水的化学需氧量（CODcr）和生化需氧量（BOD_5），从而减轻厌氧消化器的运营负荷，缩小厌氧消化器的设计容积，减少沼气工程的建设投资。经过厌氧发酵反应的料液，通过固液分离后可将料液中的沼渣转化为固体有机肥，将料液中的沼液转化为液体有机肥，使沼渣沼液得到充分的利用。

（1）螺旋挤压式固液分离机　目前，沼气工程中使用的固液分离机一般为螺旋挤压式固液分离机。其主要由主机、无堵塞泵、控制柜、管道等设备组成。主机由机体、网筛、挤压绞龙、减速电机、进料口、出料口、出渣口、配重等部位组成（图 7-21 和图 7-22）。其工作原理为无堵塞泵将未经发酵的污水泵入机体，在电机的驱动下经动力传动，挤压绞龙将粪便水逐渐推向机体前方，同时不断提高前缘的压力，迫使物料中的水分在绞龙的作用下挤出网筛，经出料口排出。挤压机的工作是连续的，其物料不断泵入机体，前缘的压力不断增大，当达到一定程度时，就将卸料口顶开，从出渣口排出，达到挤压出料的目的。

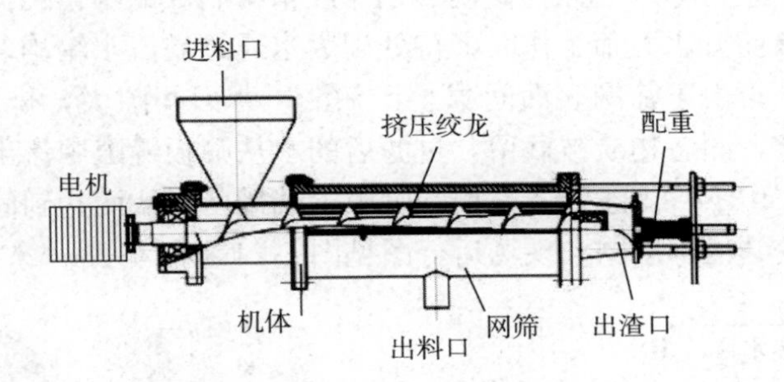

图 7-21　固液分离机结构示意图

（2）带式压滤机　通常都由沥干部分和压榨部分组成，包括过滤带、压力带、驱动辊、滤带冲洗装置等（图 7-23）。粪污进入过滤机后先在过滤带的前半部分进行自然过滤，析出水分，再经过楔形通道进入挤压阶段，挤压部分由过滤带和压力带组成。过滤带为一条合成纤维或金属丝织成的环形筛带，在压力带和过滤带的作用下，物料进一步脱水，直至挤压为滤饼从压滤机另

图 7-22　固液分离机

一端排出。此外，为保持过滤带平面平整度及滤水性，在压滤机下方设施冲洗喷头定期清理过滤带。

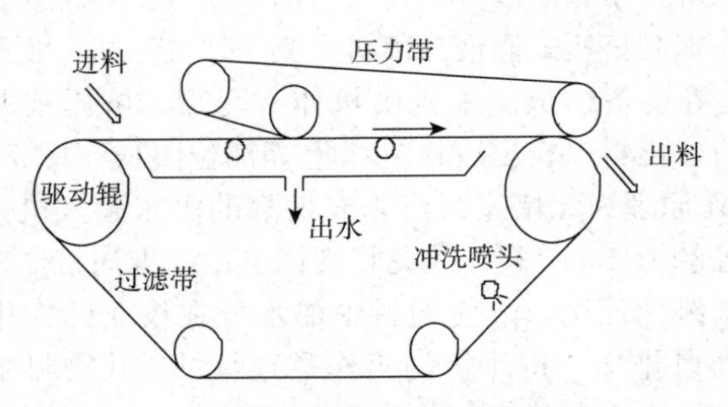

图 7-23　带式压滤机结构示意图

（3）水力筛　主体为由楔形钢棒经精密制成的不锈钢弧形或平面过滤筛面。水力筛工作时，待处理废水通过溢流水箱均匀流到倾斜筛面上，由于筛网表面间隙小、平滑，背面间隙大，排水顺畅，不易阻塞，固态物质被截留，过滤后的水从筛板缝隙中流出，同时在水力作用下，固态物质被推到筛板下端排出，从而达到固液分离目的。其结构示意图和现场运行图见图 7-24 和图 7-25。

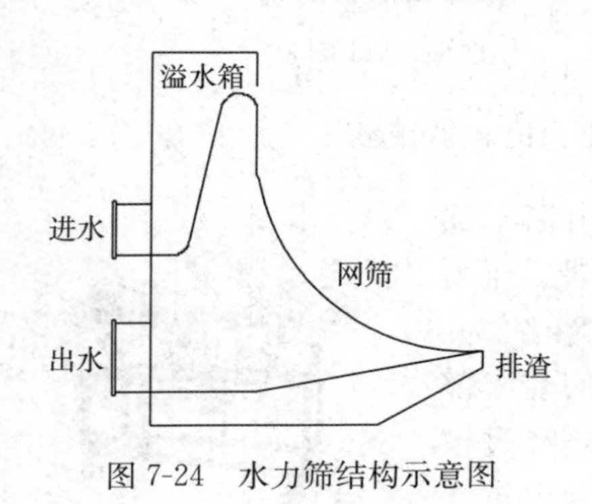

图 7-24　水力筛结构示意图

图 7-25　水力筛

6. 沼气储气设备

大中型沼气工程，由于厌氧消化装置工作状态的波动及进料量和浓度的变化，单位时间沼气的产量也有所变化。当沼气作为生活用能进行集中供气时，由于沼气的生产是连续的，而沼气的使用是间歇的，为了合理、有效地平衡产气与用气，通常采用储气的方法来解决。常见的储气柜形式有低压湿式储气柜、低压干式储气柜和高压干式储气柜。

（1）低压湿式储气柜　是可变容积的金属柜，主要由水槽、钟罩、塔节以及升降导向装置所组成。当沼气输入气柜内储存时，放在水槽内的钟罩和塔节依次（按直径由小到大）升高；当沼气从气柜内导出时，塔节和钟罩又依次（按直径由大到小）降落到水槽中。钟罩和塔节、内侧塔节与外侧塔节之间，利用水封将柜内沼气与大气隔绝。因此，随塔节升降，沼气的储存容积和压力是变化的（图 7-26）。

图 7-26　低压湿式储气柜

（2）低压单膜/双膜储气柜　单膜/双膜由内膜、外膜和底膜三部分组成，内膜或底膜形成封闭空间储存沼气，外膜和内膜之间则通入空气，起控制压力和保持外形等作用。储气柜的压力通常在（0～5）kPa。低压单/双膜储气柜见图 7-27、图 7-28 所示。

图 7-27　单/双膜储气柜

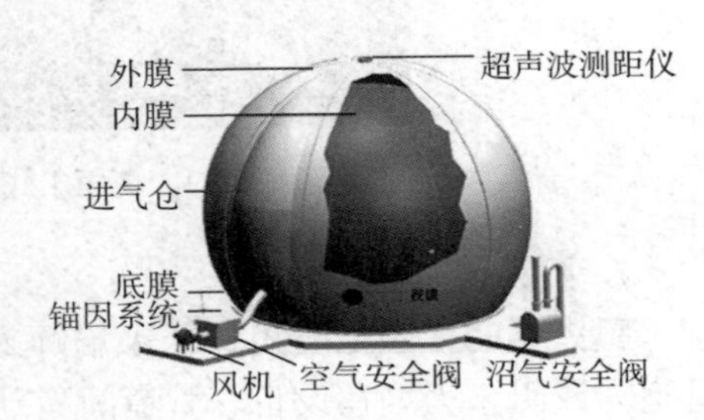

图 7-28　单/双膜储气柜构造

其特点是采用进口材料，具有技术先进、抗风载、耐硫化氢、耐紫外线、阻燃、自洁等优点，可解决防腐难、冬季防冻问题。如果采用进口织物作为储气柜材质，产品使用寿命可达15～20年，而采用国产材质储气柜成本相对较低，产品使用寿命为6年以上。

（3）高压干式储气柜　高压干式储气系统主要由缓冲罐、压缩机、高压干式储气柜、调压箱等设备组成。发酵装置产生的沼气经过净化后，先储存在缓冲罐内，当缓冲罐内沼气达到一定量后，压缩机启动，将沼气打入高压储气柜内，储气柜内的高压沼气经过调压箱调压后，进入输配管网，向居民供气，其外观见图7-29。系统中缓冲罐类似于小的湿式储气柜，起到将产生的沼气暂时储存，以解决压缩机流量与发酵装置产生沼气量不匹配的问题，其容积根据发酵装置产气量而定，一般情况下以20～30 min升降一次为宜。压缩机应采用防爆电源，以保证系统安全运行，所选择压缩机的流量应大于发酵装置产气量的最大值，但不宜超过太多，以免造成浪费；在北方应建压缩机房，以确保压缩机在寒冷条件下能够正常工作。高压干式储气柜应选择有相关资质厂家生产的产品，并在当地安检部门进行备案，高压气柜内的压力一般为0.8×10^{6} Pa。

图7-29　高压干式贮气柜

7. 阻火器

阻火器的作用是防止外部火焰蹿入存有易燃易爆气体的设备、管道内或阻止火焰在设备、管道间蔓延。常用的阻火器分为干式和湿式两种。

湿式阻火器利用水封阻火的原理，水封罐内的水层及时阻止经过的燃烧沼气。湿式阻火器结构简单、成本低，其缺点是增大了管路的阻力损失，增加了沼气的含水量，同时在运行过程中要经常查看罐内的水位，水位过高则增加了管道的阻力，水位过低则可能会失去阻火的作用；特别是在冬季，阻火器内的水有可能会冻成冰而阻塞沼气的输送。

干式阻火器是在输气管道中安装一个带有铜网或滤网层的装置，其外形见图 7-30。其阻火原理是铜丝或铝丝迅速吸收和消耗热量，使正在燃烧的气体的温度低于其燃点，将火焰就此熄灭，从而达到阻火的目的。当沼气中混入的空气量较多时，火焰会将铜丝或铝丝融化，形成一个封堵，将火焰完全封住。

图 7-30　阻火器

第四节　羊场粪污处理效益分析

一、经济效益

以千头肉羊养殖场为例，日产生粪便约 2 t，采用肥料化技术工艺处理粪便，污水进行生物氧化塘处理。建设预混车间、发酵车间、生产车间、肥料原料库房、肥料成品库房等建筑物，配套螺旋式深槽发酵池等构筑物，土建和设备投资约 150 万元，年产肥料 400 t，年收益 50 万元，静态回收期 3 年，具有较好的经济效益。

二、环境效益

1 只羊全年可产生粪污 750～1 000 kg，采用肥料化处理工艺能产生 350～600 kg 肥料，采用沼气发酵工艺能产生 120～150 m^3 沼气。以下为羊场粪污综合处理的环境效益。

1. 减少疾病传播，降低人、畜的发病率和死亡率。

2. 减少饮用水的净化费用，减少 CO_2 的排放，减少种植业和水产业的损失。

3. 生产出的有机肥替代化肥，降低肥料使用中营养物的流失率。

4. 改善区域生产环境和局部生活环境，保护当地水源。

5. 有利于保持生态平衡，有利于改良土壤。

三、生态效益

羊场粪污综合处理有利于提高各级政府和养殖行业的环保意识，发挥示范带动作用，引导其他养殖企业向环保产业投资；提供清洁能源，建设优美环境，提高人民的环保意识；有利于促进有机农业的发展，为广大群众提供安全、美味的食品；创造就业机会，增加农民收入，为改善当地居民的生活条件，发展农村经济，提高农民的生活质量做出贡献。

建设项目经济评价与羊场管理

建设项目经济评价是项目前期研究工作的重要内容，应根据国民经济与社会发展以及行业、地区发展规划的要求，在项目初步方案的基础上，采用科学、规范的分析方法，对拟建项目的财务可行性和经济合理性进行分析论证，做出全面评价，为项目的科学决策提供经济方面的依据。

建设项目经济评价包括财务评价和国民经济评价两个层次。财务评价是从企业微观层面分析项目的经济盈利情况；国民经济评价是从国家或区域宏观层面，考察项目对国民经济增长以及优化社会资源配置的贡献。

第一节　经济评价

农业项目经济评价分为3部分：①成本效益分析；②财务效益分析（简称财务分析）；③国民经济效益分析（简称经济分析）。

一、主要内容

（一）成本效益分析

成本效益分析具体内容有3项：①产品成本；②投资估计；③产品利润和销售税金。

（二）财务效益分析

财务效益分析内容有4项：①投资回收期；②投资利润率；③财务净现值；④财务内部报酬率。

（三）国民经济效益分析

国民经济效益分析内容有 6 项：①基本评价指标，其中包括经济内部收益率、经济净现值、经济净现值率（3 个子项）；②就业效果；③农民增收；④对财政的贡献；⑤投资盈亏；⑥风险分析。

二、财务效益分析与国民经济效益分析的区别

（一）采用的价格不同

财务效益分析采用的价格是项目实际发生的市场价格。如项目一天支付工人工资 150 元，则财务效益分析中工人工资价格就是每天 150 元。

国民经济效益分析采用的价格是“影子价格”，也称为经济价格。

（二）转移支付处理不同

农业项目中常见的转移支付有税款、补贴、利息、贷款、贷款偿还。

1. 税款

在财务分析中，支付税款是一项成本；在国民经济分析中，应将财务账上列作成本开支的税款删除不计。因为对整个国民收入而言，税款没有损失。

2. 补贴

在财务分析中，国家对项目的补贴是项目收入，计入项目收益中；而在经济分析中，补贴删除不计。

3. 利息

在财务分析中，支付利息是一项成本；在国民经济分析中，利息删除不计。

4. 贷款与偿贷

在财务分析中，贷款计入收入，偿贷计入支出；在国民经济分析中，二者忽略不计。

（三）对外部成本和效益处理不同

外部成本和效益是指由于项目的开展而导致项目本身之外发生的成本和效益。从参加项目的企业或农户来说，这些成本效益与其

自身的利益无直接关系，在财务分析中，对此不加考虑。但从整个国民经济考虑，项目之外发生的成本或效益会导致国民收入降低或提高。因此，国民经济分析必须考虑外部的成本和效益。

外部成本，主要的是项目造成的生态破坏；外部效益，重要的是通过项目使人们增长知识。

第二节　经济评价的具体内容

一、成本效益分析

（一）基本概念

1. 效益与成本

在财务分析中，凡是增加项目参加单位和农户的增量收益的事项都是效益，一般包括销售收入、补贴、固定资产残值回收和新增流动资金的回收；凡是减少单位增量效益的事项则是成本，一般包括土地费用、劳动力工资、固定资产投资、生产经营费用、纳税、清偿债务。在经济分析中，凡是增加国民收入的就是效益，凡是减少国民收入的就是成本。

2. 增量效益

“有项目”与“无项目”时项目参加单位和农户的收益，与“无项目”时项目参加单位和农户的收益之差，就是项目增量效益。

需要注意的是“有项目”与“无项目”之间的比较，不同于“项目前”与“项目后”之间的比较。有无项目的比较，是指同一地点和同一时间“有项目”与“无项目”两种不同状态之间的成本效益比较。

项目前后的比较，是指同一地点在项目前和项目后两个不同时期之间的成本效益比较。

（二）具体内容

1. 成本效益分析

按财务分析进行。

2. 投资估算

总投资＝固定资产投资＋铺底流动资金

固定资产投资＝土地费＋基建工程费＋机械设备费＋不可预见费

铺底流动资金＝生产期正常年份流动资金（年平均流动资金）×30％

流动资金估算采用分项详细估算法或扩大指标估算法估算。

3. 产品利润、销售税金

产品利润＝产品销售收入－（经营成本＋销售税金及附加）

税后利润＝产品利润－所得税金

产品销售收入＝产品量×销售价格

销售价格的确定：

（1）口岸价格　如果项目产品是出口产品或替代进口产品或间接出口产品，可以口岸价格为基础确定销售价格。

（2）市场价格　如果是一般市场已有的产品，可按现行市场价格定价。

（3）新产品价格　如果项目产品属于新产品，则根据下列公式确定其出厂（场）价。

出厂（场）价＝产品计划成本＋计划利润＋计划税金

二、财务分析

（一）投资利润率

投资利润率一般是指项目达到设计生产能力后的一个正常出产年份的利润总额与项目总投资的比率。对生产期内各年的利润总额变化幅度较大的项目，应计算生产期平均利润总额与总投资比例。按下列公式计算：

$$投资利润率=\frac{年利润总额或年平均利润总额}{总投资}$$

要求投资利润率大于或等于行业平均投资利润率（或基准投资利润率）时，项目在财务上才可考虑被接受。

（二）投资回收期限

投资回收期也称为投资还本期，是指项目投产后用所获得的净收益抵偿全部投资（包括固定资产投资和铺底流动资金）所需要的时间。投资回收期通常以年表示，分为静态投资回收期和动态投资回收期。

农业项目评估时，完全用自有资金或无偿资金时，可用静态投资回收期。在有利息支出情况下，必须使用动态投资回收期。

静态投资回收期 $P_{静}$ 计算公式：

$$P_{静}=[累计净现金流量开始为正的年份数-1]+[\frac{上年累计的净现金流量绝对值}{当年净现金流量}]$$

动态投资回收期$P_{动}$计算公式：

$$P_{动}=t-\frac{\ln(1-\frac{I\cdot i}{R})}{\ln(I+i)}$$

式中：t——等效建设期，指项目开始进入稳定生产期始年前的总年数-1；

I——等价总投资，指稳定生产期始年前的各年净投资按基准折现率折算到稳定生产期始年的前一年的终值和；

R——稳定生产期年净收益；

i——基准折现率。

（三）财务净现值

在财务分析中的净现值，称为财务净现值。所谓净现值，是指投资项目按基准收益率（或社会折现率），将各年的净现金流量折现到投资起点的现值之代数和。净现值一般用 NPV 表示。

因此，项目净现值 $NPN\geqslant 0$，表示项目收益率大于或等于基准收益率，可以考虑接受项目方案，$NPV<0$ 则项目方案不可行。

NPV计算公式：

$$NPV=\sum_{k=0}^{n}(CI-CO)t\ (1+i_c)^{-t}$$

式中：t——为项目第 t 年；

CI——为第 t 年项目现金流入量（收入）；

CO——为第 t 年项目现金流出量（成本）；

i——为基准收益率（由国家行业统一测定）。

（四）净现值率

净现值率是一种判别各个独立项目效益优劣顺序的评价指标。

净现值率（NPVR）计算公式：

$$NPVR\ (i_c)\ =\frac{NPV\ (i_c)}{I_p}$$

式中：i_c——为社会折现率；

NPV——为净现值；

I_p——为投资的现值和。

当有两个项目选择其一时，$NPVR$ 大的一个项目可优先考虑。

（五）内部收益率

内部收益率的含义是项目在这样的利率下，在项目结束时，以每年的净收益恰好把投资全部回收回来。因此，内部收益率是指项目对初始投资的偿还能力或项目对贷款利率的最大承担能力。

内部收益率用 IRR 表示。

内部收益率的一般表达式：

$$\sum_{t=0}^{n}\ (CI-CO)_t\ (I+IRR)^{-t}=0$$

实际计算时，可用 excel 电子表格的 IRR 函数直接计算出。利用该函数计算 IRR 的方法是将项目各年的净现金流量输入单元格中，然后引用到公式中即可迅速求得。

三、国民经济效益分析

（一）基本评价指标

国民经济效益分析基本评价指标有三项：① 经济内部收益率；② 经济净现值；③ 经济净现值率。

计算方法同财务效益分析类似。不同点见财务效益分析与国民经济效益分析主要区别。凡进行国民经济效益分析，其价格都应该用影子价格。

（二）就业效果

一般用每万元投资额的新增就业人数表示。其公式为：

$$就业效果（人/万元）=\frac{项目新增就业人数}{项目总投资}$$

（三）农民增收

一般用人均年增纯收入表示。公式为：

$$人均年增纯收入=\frac{有项目期内年均经济净收益}{有项目期内年均农民人数}-\frac{无项目时年均经济净收益}{无项目时年均农民人数}$$

（四）对财政贡献

农业项目对财政的贡献，一般表现在两个方面：

1. 增加财政收入，通过各种税金增加财政收入。
2. 通过项目脱贫，减少国家对贫困地区、贫困人口的补贴。

（五）投资盈亏平衡分析

投资盈亏平衡分析，用来分析项目投产后收入和支出平衡时所必须达到的最低生产水平和销售水平，又称为保本分析。它是一种静态分析。

一般有两种方法：

一是以项目设计能力利用率表示的盈亏平衡点。公式：

$$BEP=\frac{a}{p-b}\times\frac{1}{Q}\times 100\%$$

式中：BEP——为盈亏平衡点的生产能力利用率；

a——固定成本总值；

p——表示单位产品售价；

b——表示单位产品可变成本（经营成本）；

Q——表示设计生产能力（如出栏数量）。

二是以产品的销售单价表示的盈亏平衡点。公式：

$$P_0=b+\frac{a}{Q}=\frac{a+ba}{Q}$$

式中：P_0——为处于盈亏平衡点时的产品销售价格；

a——固定成本总值；

b——表示单位产品可变成本（经营成本）；

Q——表示设计生产能力（如出栏数量）。

（六）风险分析

农业项目不仅受自然因素的影响，而且受社会经济因素的影响。一般来说，在许多不确定的因素中，农业项目对价格、项目执行时期的延误、成本超支、产量等4个因素比较敏感，因此要认真分析这些因素变化给项目造成的投资风险。

第三节　案例分析

一、经济评价测算说明

在测算新建羊场的经济效益时，参考《农业建设项目经济评价方法》，同时根据羊场的实际经验情况按照成本、收入、效益进行相应指标的测算。

（一）生产总成本

生产总成本主要包括折旧费、摊销费、土地租金、饲料、防疫、工资福利、水电费用等。

1. 折旧费

固定资产折旧按平均年限法计算，房屋及构筑物按20年计，设备折旧按10年计，期末残值按5%计。

2. 摊销费

种羊的生物性资产按10年摊销，不计残值。

3. 土地租金

羊场的土地一般为农业用地，根据土地租赁协议计算年均土地租金。

4. 饲料费用

饲料包括精饲料、干草和青贮等，按照羊群结构计算不同养殖阶段羊的各种饲料成本。

5. 防疫费用

自繁自育羊场一般采用基础母羊为基数计算，育肥场采用出栏量为基数计算。

6. 工资福利费

根据劳动定员测算工资和福利费用，包括所有工资、社会保险等与人员密切相关的费用。

（二）经营收入

经营收入主要包括种羊、羔羊和淘汰种羊等的销售收入。自繁自育羊场出栏育肥羊的数量是在扣除更新之后的部分；淘汰种羊数量按照种羊更新率计算。收入根据各种产品市场平均销售价格乘以各自产品数量。

（三）经济效益

评价经济效益采用静态分析方法，主要有利润和利润率等指标。其中，利润等于经营收入减去生产总成本，利润率等于利润除以经营收入。

二、案例介绍

（一）繁育场

1. 基本情况

羊场设计存栏规模为 1 000 只基础母羊，羊群结构及工艺参数参考第三章，羊场占地面积 30 000 m^2。羊场采用自繁自育的方式，羊舍采用墙体砖混、顶部彩钢结构，羊舍总面积 3 500 m^2，青贮窖 3 000 m^3，饲草料库及饲料加工车间 600 m^2，生活管理设施 500 m^2，以及堆粪棚、地面硬化、大门、围墙等场区工程。房屋及构筑物投资 500 万元，仪器设备投资 150 万元，种母羊引进 1 000 只、投入 150 万元，种公羊引进 50 只、投入 10 万元，总投资 810 万元。以下将采用效益测算说明的方法进行测算。

2. 生产成本

（1）折旧费　房屋及构筑物折旧费每年 23.75 万元，设备折旧 14.25 万元，年固定资产折旧 38 万元。

（2）摊销费　生物性资产包括种母羊和种公羊的引种费用，共计160万元，年摊销费为16万元。

（3）土地租金　羊场占地30 000 m^2，土地年租金为2.7万元。

（4）饲料费用　按照基础母羊为基数进行测算，每天每只羊消耗精料0.7 kg、干草1 kg、青贮2 kg，单价分别为2元/kg、1.2元/kg、0.3元/kg，每年按照养殖365 d测算，共计116.80万元。

（5）防疫和水电费　按照基础母羊为基数进行测算，每只防疫费20元、水电费15元，共计3.5万元。

（6）工资福利费　每年需要固定职工5人，其中管理技术人员2人、生产人员3人，人均分别按照6万和4.8万元测算，共计26.4万元。

本羊场每年生产总成本＝折旧费＋摊销费＋土地租金＋饲料费用＋防疫和水电费＋工资福利费，共计203.40万元。

3. 经营收入

扣除每年更新所需要的后备母羊之后，每年可提供约1 500只育肥羊和270只淘汰种羊，价格分别为500元和1 800元，年收入为228.60万元。

4. 经济效益

按照上述数据测算，年存栏1 000只基础母羊的自繁自育场利润为25.20万元，利润率为11.0％。

（二）育肥场

1. 基本情况

肉羊育肥场设计存栏规模1 000只，一年出栏2批，羊场占地面积10 000 m^2。架子羊来源为外购3月龄左右断奶羔羊，饲养方式为全舍饲育肥，育肥时间120 d。羊舍采用墙体砖混顶部彩钢结构，羊舍1 200 m^2，黄（青）贮窖1 000 m^3，饲草料库及饲料加工车间300 m^2，生活管理设施300 m^2。房屋及构筑物投资200万元，仪器设备投资50万元，总投资250万元。以下按效益测算说明的方法进行测算。

2. 生产总成本

（1）折旧费　房屋及构筑物折旧费每年9.5万元，设备折旧4.75万元，年固定资产折旧14.25万元。

（2）土地租金　羊场占地10 000 m^2，土地年租金为0.9万元。

（3）架子羊费用　每年购买2 000只，每只架子羊500元，总成本为100万元。

（4）饲料费用　断奶羔羊每天消耗精料0.7千克、干草0.8千克、青贮1.0千克，每千克分别为2元、1.2元、0.3元，每年按照育肥240 d测算，共计63.84万元。

（5）防疫和水电费　年出栏2 000只，每只防疫费5元、水电费5元，共计2万元。

（6）工资福利费　每年需要固定职工3人，其中管理技术人员1人、生产人员2人，人均分别按照6万元和4.8万元测算，共计15.6万元。

本育肥场每年生产总成本＝折旧费＋土地租金＋架子羊费用＋饲料费用＋防疫和水电费＋工资福利费，共计196.59万元。

3. 经营收入

年出栏2 000只育肥羊，每只育肥羊按照销售收入1 200元测算，育肥场每年收入240万元。

4. 经济效益

按照上述数据测算，年出栏2 000只育肥羊的育肥场利润为43.41万元，利润率为18.1％。

第四节　羊场管理

一、组织框架

为了保证羊场高效运行，必须采取现代化的管理模式进行科学管理。每个单独的羊场均建议采用场长负责制，负责整个羊场的生产经营、行政管理等全面工作。同时羊场可以根据规模设2～3名副场长，负责专门部门的管理工作，结合部门设置形成分工清晰、责任明确的组织架构。人员管理上实行劳动合同制，制定严格的人事制度和财务制度。组织架构可参考图8-1进行设置。

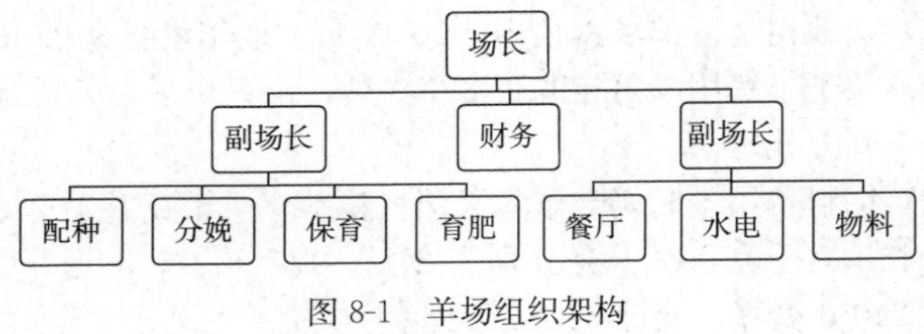

图 8-1 羊场组织架构

二、岗位分工

(一) 场长

场长负责羊场的全面管理工作，需要带领全场职工取得良好的经济效益。对于有众多羊场的公司来讲，场长要接受主管领导的管理，承担与公司各个部门的对接工作。负责对副场长的各项工作进行监督和指导，负责后勤保障工作的管理、及时协调各部门之间的工作关系，负责落实和完成公司下达的全场经济指标，负责全场生产人员的技术培训工作，主持每月的生产例会。

(二) 副场长

副场长直接对场长负责，直接管理下属员工；负责制订和完善羊场分管范围内的各项管理制度、技术操作规程，制订具体的实施措施，落实和完成分管任务；负责分管工作的生产报表，并督促做好月结工作、周上报工作；负责分管部门日常管理工作，及时解决出现的问题；参与编制全场的经营生产计划，物资需求计划；负责分管部门直接成本费用的监控与管理，承担分管环节的疫病防治工作。

(三) 技术人员

严格按饲养管理技术操作规程和每周工作日程进行生产，配种员负责母羊转群、调整和配种等工作，保育员负责带羔母羊、羔羊转群和调整等工作，育成员负责育成羊和育肥羊的周转调整等工作，饲养员按照日常进行日常饲喂、观察等工作，兽医负责做好疾病防治工作。

三、羊场制度

（一）管理制度

1. 饲料管理

饲料需购买质量合格的玉米、豆粕、干草等，不得添加国家禁止使用的药物或添加剂，严控质量。饲料入库应由采购人员与库房管理员当面交接，清点入库饲料数量，并填写入库清单。同时应保持库房清洁卫生，禁止堆放任何药品和有害物质，饲料必须隔墙离地分品种存放。建立饲料出库记录，详细记录每天进出库情况。饲料调配应由技术员根据实际情况和日粮配方科学配制，调配间、搅拌机及用具应保持清洁，做到定时消毒，调配间禁止放置有害物品。

2. 人员管理

工作人员在工作期间禁止饮酒、吸烟。服从领导指挥，认真完成本职工作。及时发现问题，及时汇报和解决。分管领导对每位员工提出的好建议及时采纳，并进行鼓励。保持养殖场环境卫生，不允许将生活垃圾乱扔，应选好地点统一堆放，定期销毁。保持羊舍清洁，工具摆放有序。有事提前请假，以便调整安排，不耽误正常生产。

3. 药品管理

（1）建立完整的药品购进记录　记录内容包括品名、剂量、规格、有效期、生产厂商、供货单位、购进数量、购货日期。

（2）加强药品的质量验收　检查药品外观、药品内外包装及标识，主要检查品名、规格、主要成分、批准文号、生产日期、有效期等内容。

（3）药品搬运　搬运和装卸药品时应轻拿轻放，严格按照药品外包装标志要求堆放。

（4）药品仓库管理　在仓库内不得堆放其他杂物，特别是易燃易爆物品。药品按剂量或用途及储存要求分类存放，陈列药品的货柜应保持清洁和干燥。地面必须保持整洁，非相关人员不得进入。药品出库应详细填写品种、剂型、规格、数量、使用日期、使用人员、何处使用，需在技术员指导下使用，并做好记录，严格遵守停药期规定。

（5）药品购买　不向无药品经营许可证的销售单位购买药品，用药标签和说明书要符合行业规定，不购进禁用药及无批准文号、未标明成分的药品。

（6）药品使用　用药时需要详细记录用药名称、剂量、使用方法、使用频率、用药目的等内容，确保不使用禁用药和不明成分的药物。

4. 有毒有害物管理

①日常重视羊场及周边卫生，及时把病死羊送到无害化处理场所处理，及时隔离、清除生活垃圾。

②严格执行专人管理、专库存放制度，做好完整进仓和领用记录，记录需用相关人员签名。

③值班人员严守相关规章、制度，防止外来人员投毒、投害。

④禁止汞、甲基汞、砷、无机砷、铅、镉、铜、硒、氟、组胺、甲醛、六六六、敌敌畏、麻痹性毒素、腹泻性药物等有毒有害物质进入羊场。

5. 奖惩制度

（1）奖励情形　对于羊场疾病防治得力、挽救羊场重大损失，采用新技术节约成本、成效显著，管理措施有力等有助于提升羊场综合效益的，应给予一定的奖励。

（2）惩罚情形　对于弄虚作假，经常迟到、早退、无故旷工，监守自盗或与他人合伙造成羊场经济损失，私自宰杀肉羊，出现羊场无人看管等行为，应受到一定的惩罚。

（二）消毒制度

1. 人员、车辆消毒

①任何人进场必须在门卫室按规定严格消毒。车辆必须严格采用高压喷雾消毒等方式进行消毒。

②任何进入生产区的工作人员必须消毒，并更换已消毒的工作服、鞋等。

③来访人员经场长批准，消毒，更换场内提供的工作服、鞋套、头套等，方可进入生产区，并按指定路线进行参观。

④进入生产区的车辆应彻底冲洗干净，经过严格消毒处理后在管理区停留 30 min 以上，方可进入生产区。

⑤生产人员因工作原因需进入其他区域，再返回生产区时应按要求、流程进行消毒。

2. 羊舍消毒

①饲养员负责羊舍内及羊舍周边环境的消毒工作。消毒时为了减少对工作人员的刺激，应配戴口罩。

②每 3 d 消毒 1 次，特殊情况由主管副场长另作安排。

③严格按照消毒剂使用说明配制溶液，定期更换使用消毒剂。

④根据消毒面积，配制适量消毒溶液。

⑤消毒覆盖面尽量达到 100%，以达到地面和墙面湿润，羊体、羊栏滴水珠为准。

⑥消毒须在清扫冲洗圈舍且地面干燥后进行，消毒后 12 h 内不得冲洗羊舍。

⑦及时做好消毒记录。

3. 生产区消毒

①主管副场长负责生产区环境消毒工作，每周消毒 1 次，特殊情况另作安排。

②严格按照消毒剂使用说明适量配制溶液，每月更换 1 种消毒剂，消毒剂应交替使用。

③生产区大门消毒池内的消毒液每周更换 1 次，以达到消毒效果。

④消毒范围包括道路、水泥地面、下水道以及各种设施等，消毒覆盖面达到 100%。

⑤做好消毒记录。

4. 生活区消毒

①主管副场长负责生活区环境消毒工作，每 2 周消毒 1 次，特殊情况根据生产主管副场长的意见另作安排。

②严格按照消毒剂使用说明适量配制溶液。

③消毒范围包括道路、下水道、食堂、宿舍、大门、厕所等生活设施，覆盖面 100%。

④及时做好消毒记录。

5. 器械设备消毒

①生产工具由羊舍的饲养员定期消毒，包括饲料铲、饲料车、粪便铲、粪便车、料箱、补料槽等，采用消毒液做喷雾消毒。

②治疗医用器械由兽医或其指定人员每天定时消毒，注射用具用高压蒸煮消毒，治疗用具和器械采用干燥箱消毒，产房器械及设施用消毒液消毒和熏蒸消毒。

③注射器、针头等洗净后，每天定时送到兽医室，集中蒸煮消毒。

④上水设备、饮水器、水箱等用漂白粉稀释成3%的溶液，浸泡或冲洗消毒。

⑤配送饲料的车辆应专用，并定期严格消毒。

⑥粪便车在使用后应在羊舍外指定地点冲洗干净，待干燥后消毒。

6. 注意事项

①正确使用各种消毒药物，遵循使用说明的规定和要求。

②在配置消毒液或实施消毒时，应佩戴口罩、手套等防护物品。

③不得同时使用两种消毒液消毒同一部位和物品。

④在对上水设备、饮水器、水箱消毒后，在使用前应彻底清洗干净。

⑤大门、羊舍入口处的消毒池应定期更换药液，一般每周更换1～2次。

⑥人或动物皮肤不得直接接触消毒液，一旦眼睛、皮肤上沾有药液，应及时冲洗干净，特别是使用烧碱、生石灰等腐蚀性强的药品时要注意安全。

（三）防疫制度

1. 免疫制度

①遵守《动物防疫法》，按兽医主管部门的统一布置和要求，认真做好羊传染病防范工作、强制性免疫病种的免疫工作。

②严格按场内制定的免疫程序做好其他疫病的免疫接种工作，严格免疫操作规程，确保免疫质量。

③遵守国家关于生物安全方面的规定，使用来自合法渠道的合格疫苗产品，不使用试验产品或中试产品。

④在县区等动物疫病预防控制中心的指导下，根据羊场实际情况制定科学合理的免疫程序，并严格遵守。

⑤建立疫苗出入库制度，严格按照要求贮运疫苗，确保疫苗的有效性。

⑥废弃疫苗按照国家规定无害化处理，不乱丢乱弃疫苗及疫苗包装物。

⑦疫苗接种及反应处置由取得合法资质的兽医进行或在其指导下进行。

⑧遵守操作规程、免疫程序接种疫苗并严格消毒，防止带毒或交叉感染。

⑨羊接种疫苗后，按规定佩戴免疫标识并详细记入免疫档案。

⑩免疫接种人员按国家规定做好个人防护。

⑪定期对主要病种进行免疫效价监测，及时改进免疫计划，完善免疫程序，使羊场的免疫工作更科学更实效。

2. 疫情监测

①根据《中华人民共和国动物防疫法》有关规定，结合本场实际情况制订疫病监测方案。

②配备相关技术人员和相应的疫情监测设备、药品等，对羊场的畜禽疫病进行监测。

③发现疫情后，立即向当地动物卫生监督机构报告。

④对畜禽进出栏情况进行详细登记。

3. 疫情报告制度

①兽医一旦怀疑发生传染病，应立即向当地动物卫生监督机构或畜牧兽医站报告。

②报告内容包括发病的时间和地点、发病动物种类和数量、同群动物数量、免疫情况、死亡数量、临床症状、病理变化、诊断情况、已采取的控制措施等。

③可采取临时性措施：将可疑传染病病畜隔离，派人专管和看护；对病畜停留过的地方和污染的环境、用具进行消毒；病畜死亡时，应将其尸体完整地保存下来；在法定疫病认定人到来之前，不

得随意屠宰，病畜的皮、肉、内脏未经兽医检查不允许食用；发生可疑需要封锁的传染病时，禁止畜禽进出养殖场；限制人员流动。

④采用书面报告或电话报告（紧急情况时）等方式报告。

4. 兽药管理制度

①场内预防性或治疗性用药，必须由兽医决定，其他人员不得擅自使用。

②兽医使用兽药必须遵守国家相关法律法规规定，不得使用非法产品。

③必须遵守国家关于休药期的规定，未满休药期的畜禽不得出售、屠宰，不得用于食品消费。

④不得擅自改变给药途径、投药方法及使用时间等。

⑤做好用药记录，包括动物品种、年龄、性别、用药时间、药品名称、生产厂家、批号、剂量、用药原因、疗程、反应及休药期。

⑥做好添加剂、药物等材料的采购和保管记录。

5. 无害化处理制度

①当羊场发生疫病时，必须坚持不宰杀、不贩运、不买卖、不丢弃、不食用，进行彻底的无害化处理等“五不一处理”原则。

②羊场必须根据养殖规模在场内下风处修建一个无害化处理设施。

③当羊场发生重大动物疫情时，除对病死羊进行无害化处理外，还应根据动物防疫主管部门的决定，对同群或染疫的羊进行扑杀和无害化处理。

④当羊场发生传染病时，一律不允许交易、贩运，就地进行隔离观察和治疗。

⑤无害化处理过程必须在驻场兽医和当地动物卫生监督机构的监督下进行，并认真对无害化处理的羊数量、死因、体重及处理方法、时间等进行详细的记录、记载。

⑥无害化处理完后，必须彻底对其圈舍、用具、道路等进行消毒、防止病原传播。

⑦在无害化处理过程中及疫病流行期间，要注意个人防护，防止人兽共患病的传染。

参考文献

编写组，2010. 投资项目可行性研究指南（第九次印刷）. 北京：中国电力出版社.
陈存霞，刘月琴，张英杰，2015. 环境因素对羊产业的影响 [C]. 2015 年全国养羊生产与学术研讨会论文集：4.
陈家宏，郭晓飞，黄桠锋，等，2013. 3 种南方羊舍夏季小气候环境的对比分析 [J]. 安徽农业大学学报，40（5）：710-715.
冯建忠，张效生，2014. 规模化羊场生产与经营管理手册 [M]. 北京：中国农业出版社.
龚华斌，2008. 简阳大耳羊品种选育与示范应用研究 [M]. 成都：四川大学出版社.
李朝忠，田秀军，2015. 羊寄生虫病发生的因素及防治对策 [J]. 畜牧与饲料科学，36（12）：120-121.
李如治，2009. 家畜环境卫生学 [M]. 3 版. 北京：中国农业出版社.
任春环，王强军，张彦，等，2015. 江淮地区冬季羊舍供暖及通风换气效果 [J]. 农业工程学报，31（23）：179-186.
王惠生，陈海萍，2010. 小尾寒羊科学饲养技术 [M]. 2 版. 北京：金盾出版社.
王建宝，廖光升，2003. 农业项目可行性研究效益分析基础知识 [J]. 三明农业科技（3）：26-30.
肖鸿，2016. 夏季圈养养羊的注意事项 [J]. 农业开发与装备（7）：194.
谢小来，姜毓君，董秀英，2003. 舍饲肉羊生产工艺的初步设计 [J]. 饲料博览（7）：25-26.
颜培实，李如治，2011. 家畜环境卫生学 [M]. 4 版. 北京：高等教育出版社.
杨仁全，2009. 工厂化农业生产. 北京：中国农业出版社.
张明新，王春昕，赵云辉，等，2014. 绒毛用羊环境控制与圈舍设计发展战略

[J]. 中国草食动物科学，34（AI）：381-383.
张子军，陈家宏，黄桠锋，等，2013. 江淮地区夏季羊舍小气候环境检测及评价 [J]. 农业工程学报，29（18）：200-209.
赵冰，2016. 有机肥生产手册 [M]. 北京：金盾出版社.
周长吉，2013. 沼气工 [M]. 北京：中国农业出版社.
Hirning J H，Faller C T，Hoppe J K，et al.，1994. Sheep Housing and Equipment Handbook [M]. 4th Edition. MidWest Plan Service，IOWA State University.